普通高等教育电子信息类专业系列教材

数字信号处理

陈 杰 编著

西安电子科技大学出版社

内 容 简 介

本书内容包括离散时间信号与系统的时域分析、离散时间信号与系统的频域分析、离散傅里叶变换(DFT)和快速傅里叶变换(FFT)算法、无限脉冲响应(IIR)数字滤波器的设计方法、有限脉冲响应(FIR)数字滤波器的设计方法、MATLAB 数字信号处理上机实验。

本书聚焦经典数字信号处理的内容,包含较多 MATLAB 应用实例和技术,突出应用,可作为高等院校理工科电子信息、通信及相关专业的本科生教材,也可供相关专业的工程技术人员参考。

图书在版编目(CIP)数据

数字信号处理/陈杰编著. —西安:西安电子科技大学出版社,2020.10
ISBN 978 - 7 - 5606 - 5806 - 3

Ⅰ. ① 数…　Ⅱ. ① 陈…　Ⅲ. ① 数字信号处理-高等学校-教材
Ⅳ. ① TN911.72

中国版本图书馆 CIP 数据核字(2020)第 162375 号

策划编辑　刘玉芳
责任编辑　李　萍　刘玉芳
出版发行　西安电子科技大学出版社(西安市太白南路 2 号)
电　话　(029)88242885　88201467　　　邮　编　710071
网　址　www.xduph.com　　　　　　电子邮箱　xdupfxb001@163.com
经　销　新华书店
印刷单位　咸阳华盛印务有限责任公司
版　次　2020 年 10 月第 1 版　2020 年 10 月第 1 次印刷
开　本　787 毫米×1092 毫米　1/16　印张 9
字　数　207 千字
印　数　1~2000 册
定　价　21.00 元
ISBN 978 - 7 - 5606 - 5806 - 3/TN

XDUP 6108001 - 1

＊＊＊如有印装问题可调换＊＊＊

前　　言

随着数字技术的发展，数字信号处理(Digital Signal Processing，DSP)被广泛应用于信息、现代通信、新一代雷达、图像处理、声音处理、生物医学检测成像等领域，对现代社会产生了重要影响。数字信号处理已经成为信息、通信及相关专业一门重要的专业基础课程。当前，数字信号处理的学科内容已经相当丰富并仍然在不断发展和完善之中。

作为专业课教材，本书注重基础，为初学者提供合理和必要的数字信号处理的基本概念、基本原理和基本应用知识，旨在为其后续进一步学习打下坚实的基础。

本书共分为 6 章。第 1 章首先对信号与系统的基本概念做了简单回顾，然后重点讲述了离散时间序列的概念、运算和产生方法。第 2 章讲解一般离散时间序列的傅里叶变换、周期序列的离散傅里叶级数和傅里叶变换、序列的 z 变换和线性离散系统的 z 域分析。第 3 章讲解离散傅里叶变换的概念、性质、频域采样定理和快速傅里叶变换算法。第 4 章讲解离散系统的信号流图、数字滤波器的概念、模拟滤波器的设计方法、IIR 数字滤波器的模拟域设计方法和数字域设计方法。第 5 章讲解 FIR 数字滤波器的线性相位特性、FIR 数字滤波器设计的窗函数法和频率取样法。第 6 章针对前 5 章的内容安排了基于 MATLAB 的上机实验和应用。

本书在编写过程中注重思路的讲解，保持了和先导知识的紧密联系，将数字信号处理的基本概念、基本原理和基本技术归纳于大的思路框架之下，用深入浅出、简明扼要的语言完成基本概念、原理和公式的讲解。

数字信号处理技术发展迅速，目前学科内容已经相当丰富，掌握基本的概念、原理和技术是初学者的根本任务，本书针对这一根本任务编排内容、合理取舍，以期在有限的学习时间内将经典数字信号处理的基本知识呈现给读者。

限于作者的水平和经验，书中难免存在一些不足之处，敬请读者批评指正。

作者 E-mail：chenbinglin88888@163.com。

作　者
2020 年 6 月

目　　录

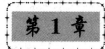

离散时间信号与系统的时域分析

1.1　连续时间信号与系统的基本概念

1.1.1　信号与系统的基本概念

消息和信息是交流与通信的基本内容。信息和消息的传递用信号实现，信号是消息和信息的载体。信号对应于声、光、电等物理信号，其特点是便于测量和传递。信号可以表示为自变量的函数的形式。如果信号的自变量仅有一个，则称为一维信号；如果信号的自变量多于一个，则称为多维信号。信号的自变量可以是电流、电压、距离、时间、温度等多种形式。不失一般性，本书研究一维信号，将信号的自变量设定为时间。

按照信号的自变量和函数值的连续性质可以将信号分为模拟信号、离散时间信号和数字信号。函数值和自变量均连续的信号称为模拟信号。如果模拟信号的自变量为连续时间，则该信号称为连续时间信号。

函数值连续，但自变量只在一些离散的时间点有定义，这种信号称为离散时间信号。当离散的时间点等间隔分布时，离散时间信号的自变量时间可以只用其序号表示，称为序列。

函数值和自变量均只在一些离散的点有定义，这种信号称为数字信号。显然，离散时间信号的函数值经数字化后即成为数字信号。

模拟信号、离散时间信号和数字信号各有特点，需要不同的系统对其进行处理。按照输入、输出信号和处理方式的不同，系统一般也可以分为模拟系统、离散时间系统和数字系统。现代信息通信系统一般既包含模拟系统，又包含数字系统，称为混合系统。

1.1.2　信号的分类

按照信号的特征可以对信号进行分类。信号的性质有多种，信号的分类相应地也有多种。

1. 随机信号和确定信号

按信号取值的确定性或不确定性，可以将信号分为随机信号和确定信号。对于常见的确定时间信号，其在任一时刻的取值是时间的函数，有明确的解析表达式，其在任意时刻的值可以根据时间确定。确定信号可以用频谱分析的方法来研究。

常见的随机时间信号在任一时刻的取值是不确定的，其取值通常按概率分布，要用数理统计理论和概率方法来研究，符合统计性规律。在通信系统的接收端，信号一般为随机信号。因为对于收信者来说，一般是无法预料发送端将要传送什么消息的。此外，通信系统中的噪声、干扰等各种不确定因素，包括电压波动、元器件温漂特性、频率偏移等都使接收端接收到的信号带有很大的随机性。

2. 离散信号和连续信号

连续信号也叫连续时间信号，是指在连续时间上有定义的信号。离散信号也叫离散时间信号，是指只在一些离散的时间点有定义的信号。应该指出，这里的离散和连续仅指连续时间和离散时间，只对信号函数的自变量时间而言，对信号的取值没有限定，信号的取值可以是连续的，也可以是不连续的。

3. 非周期信号和周期信号

对于时间信号 $x(t)$，如果存在一个非零的有限值 T，使其满足

$$x(t) = x(t + nT), \quad n = \cdots, -2, -1, 0, 1, 2, \cdots \tag{1.1.1}$$

则该信号为以 T 为周期的周期信号。

不满足式(1.1.1)的信号称为非周期信号。

4. 能量信号和功率信号

将时间信号 $x(t)$ 看作电压或电流，在时间区间 $(-T, T)$，当其作用于 $1\,\Omega$ 的电阻时产生的能量和功率定义为信号的能量 E 和功率 P，其计算式分别为

$$E = \int_{-T}^{T} |x(t)|^2 \mathrm{d}t \tag{1.1.2}$$

$$P = \frac{1}{2T} \int_{-T}^{T} |x(t)|^2 \mathrm{d}t \tag{1.1.3}$$

当 $T \to \infty$ 时，如果 E 为有限值，则称信号为能量信号。显然，按式(1.1.3)，能量信号的功率 P 为 0。而当 $T \to \infty$ 时，如果功率 P 为有限值，则称信号为功率信号。由式(1.1.2)知，功率信号的能量无穷大。如果信号的功率和能量均不为有限值，则信号为非功率非能量信号。

周期信号在时间区间 $(-\infty, \infty)$ 均有定义，为功率信号。周期信号的能量无穷大，但在每一个周期上其功率均存在；而非周期信号如果为有限长时间信号，则其能量有限，功率为零，为能量信号。

5. 复信号和实信号

实信号指任意时刻的信号值为实数的信号。实信号是物理可实现的信号。相对于实信号，复信号指信号值为复数的信号。复信号 $z(t)$ 可以表示为

$$z(t) = x(t) + \mathrm{j}y(t) \tag{1.1.4}$$

式中，$x(t)$ 和 $y(t)$ 分别称为复信号的实部和虚部。

1.1.3 两类基本的奇异信号——阶跃信号和冲激信号

1. 单位阶跃信号

单位阶跃信号 $\varepsilon(t)$ 是时间的函数，其解析式为

$$\varepsilon(t) = \begin{cases} 0, & t < 0 \\ 1, & t \geq 0 \end{cases} \tag{1.1.5}$$

解析式(1.1.5)称为单位阶跃函数。单位阶跃函数的图形见图 1.1.1。单位阶跃信号简称阶跃信号。

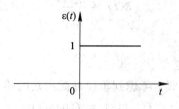

图 1.1.1　单位阶跃函数

2. 单位冲激信号

单位冲激信号 $\delta(t)$ 是时间的函数，其解析式为

$$\begin{cases} \delta(t) = \begin{cases} 0, & t \neq 0 \\ \infty, & t = 0 \end{cases} \\ \int_{-\infty}^{\infty} \delta(t)\mathrm{d}t = 1 \end{cases} \tag{1.1.6}$$

解析式(1.1.6)称为单位冲激函数，由英国物理学家狄拉克给出，因此也叫狄拉克函数。单位冲激函数的图形见图 1.1.2，图中(1) 表示冲激函数的强度为 1。单位冲激信号简称冲激信号。

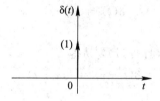

图 1.1.2　单位冲激函数

3. 单位阶跃函数和单位冲激函数的关系

引入两个函数 $r_n(t)$ 和 $p_n(t)$，其解析式分别为

$$r_n(t) = \begin{cases} 0, & t < 0 \\ nt, & 0 \leqslant t \leqslant \dfrac{1}{n} \\ 1, & t > \dfrac{1}{n} \end{cases} \tag{1.1.7}$$

$$p_n(t) = \frac{\mathrm{d}r_n(t)}{\mathrm{d}t} = \begin{cases} 0, & t < 0 \\ n, & 0 \leqslant t \leqslant \dfrac{1}{n} \\ 0, & t > \dfrac{1}{n} \end{cases} \tag{1.1.8}$$

显然，有

$$\varepsilon(t) = \lim_{n \to \infty} r_n(t) \tag{1.1.9}$$

$$\delta(t) = \lim_{n \to \infty} p_n(t) \tag{1.1.10}$$

因此，单位阶跃函数和单位冲激函数的关系可以表示为

$$\varepsilon(t) = \int_{-\infty}^{t} \delta(y)\mathrm{d}y \tag{1.1.11}$$

$$\delta(t) = \frac{\mathrm{d}\varepsilon(t)}{\mathrm{d}t} \tag{1.1.12}$$

4. 单位冲激函数的性质

（1）单位冲激函数具有筛选性。

如果函数 $f(t)$ 在 $t=0$ 连续，考虑到单位冲激函数的解析式(1.1.6)，则有

$$f(t)\delta(t) = f(0)\delta(t) \tag{1.1.13}$$

同理，如果函数 $f(t)$ 在 $t=t_0$ 连续，则有

$$f(t)\delta(t-t_0) = f(t_0)\delta(t-t_0) \tag{1.1.14}$$

对式(1.1.13)等号两边积分，得

$$\int_{-\infty}^{\infty} f(t)\delta(t)\mathrm{d}t = \int_{-\infty}^{\infty} f(0)\delta(t)\mathrm{d}t = f(0)\int_{-\infty}^{\infty}\delta(t)\mathrm{d}t = f(0) \tag{1.1.15}$$

对式(1.1.14)等号两边积分，得

$$\int_{-\infty}^{\infty} f(t)\delta(t-t_0)\mathrm{d}t = \int_{-\infty}^{\infty} f(t_0)\delta(t-t_0)\mathrm{d}t = f(t_0)\int_{-\infty}^{\infty}\delta(t-t_0)\mathrm{d}t = f(t_0) \tag{1.1.16}$$

（2）单位冲激函数是关于自变量的偶函数。

由单位冲激函数的解析式(1.1.6)，易得

$$\delta(t) = \delta(-t) \tag{1.1.17}$$

即单位冲激函数为偶函数。

设 τ 为一时间参数，根据式(1.1.17)，易得

$$\delta(t-\tau) = \delta(\tau-t) \tag{1.1.18}$$

考虑到式(1.1.16)，可得

$$f(t)*\delta(t) = \int_{-\infty}^{\infty} f(\tau)\delta(t-\tau)\mathrm{d}\tau = \int_{-\infty}^{\infty} f(\tau)\delta(\tau-t)\mathrm{d}\tau$$

$$= f(t)\int_{-\infty}^{\infty}\delta(\tau-t)\mathrm{d}\tau = f(t) \tag{1.1.19}$$

即

$$f(t) = f(t)*\delta(t) \tag{1.1.20}$$

此式表明，任一函数可以分解为该函数和单位冲激函数的卷积。

1.1.4 系统的基本概念

1. 系统分析方法和系统的数学模型

相互关联和作用的事物称为系统。对系统某方面属性的描述称为系统模型。系统模型用图、表、数学公式、文字符号等形式表现该系统的特征。系统模型是现实实物系统的一种描述和模拟，是对现实实物系统的抽象。系统模型反映了系统主要因素之间的本质特征关系。

常见的系统模型有物理模型、文字模型和数学模型三类。因为数学模型既是定量分析系统的基础，又是系统预测和决策的工具，而且数学模型易于修订，便于使用计算机实现，适应性强，准确度高，方便快捷，所以普遍采用数学模型分析系统工程问题。

应该指出，反映同一系统、同一特征的系统模型可能有多种。例如，描述电路系统的传

输函数和微分方程是反映其同一特征的不同模型。另外，同一系统模型也可以反映不同的系统特征。例如，系统模型

$$y = ax \tag{1.1.21}$$

既可以表示一个物理上的弹簧伸缩弹力系统，又可以表示一个平面坐标系上过原点的直线。当表示弹簧伸缩弹力系统时，a 为弹性系数，x 为弹簧的伸缩长度，y 为弹力大小；当表示平面坐标系上过原点的直线时，a 为直线斜率，x 和 y 分别为直线上点的横坐标和纵坐标。

　　一个系统可以有多个输入或多个输出。只有一个输入和一个输出的系统称为单输入单输出系统。有多个输入或多个输出的系统称为多输入多输出系统。系统分析方法重点研究系统的输入和输出之间的关系。系统的数学模型反映了系统输入和输出间的变换关系。设系统的输入信号为 $x(t)$，输出信号为 $y(t)$，输入和输出的关系可表示为

$$y(t) = T[x(t)] \tag{1.1.22}$$

输入信号也称为激励，输出信号也称为响应。

　　单输入单输出系统和多输入多输出系统的系统模型如图 1.1.3 所示。图中，$T[\ ]$ 表示系统对输入和输出的变换关系，m、n 为正整数。

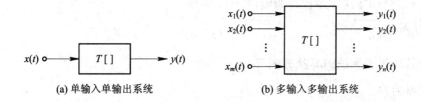

(a) 单输入单输出系统　　　　　　(b) 多输入多输出系统

图 1.1.3　系统模型

2. 系统分类及其特性

1) 线性和非线性系统

同时满足齐次性和可加性的系统称为线性系统，否则称为非线性系统。

（1）齐次性。对于由式(1.1.22)描述的系统，如果输入信号 $x(t)$ 扩大 a 倍，其输出信号 $y(t)$ 也扩大 a 倍，则该系统是齐次的或均匀的，即

$$ay(t) = T[ax(t)] \tag{1.1.23}$$

（2）可加性。对于由式(1.1.22)描述的系统，如果输入信号 $x_1(t)$ 和 $x_2(t)$ 之和的响应等于 $x_1(t)$ 的响应与 $x_2(t)$ 的响应之和，则该系统是可加的，即
若

$$y_1(t) = T[x_1(t)] \tag{1.1.24}$$

$$y_2(t) = T[x_2(t)] \tag{1.1.25}$$

则可加系统满足

$$y_1(t) + y_2(t) = T[x_1(t) + x_2(t)] \tag{1.1.26}$$

2) 时变和时不变系统

　　系统参数不随时间变化的系统称为时不变系统或常参量系统；反之，系统参数随时间变化的系统称为时变系统。时不变系统的输入信号 $x(t)$ 和输出信号 $y(t)$ 存在如下关系：

$$y(t - t_0) = T[x(t - t_0)] \tag{1.1.27}$$

式中，t_0 为常数。

实践已经表明,线性时不变(Linear Time Invariant,LTI)系统的数学模型可以用线性常微分方程或常系数线性差分方程描述,而线性时变系统的数学模型可以用变系数线性微分方程或差分方程描述。

3)因果和非因果系统

如果系统 t 时刻的输出只取决于 t 时刻和 t 时刻之前的激励,则该系统为因果系统。因果系统 t 时刻的输出和 t 时刻之后的激励无关。如果系统 t 时刻的输出不仅和 t 时刻及 t 时刻之前的激励有关,还和 t 时刻之后的激励有关,则该系统为非因果系统。而如果系统 t 时刻的输出只取决于 t 时刻之后的激励,则该系统为反因果系统。

线性时不变系统为因果系统的充分必要条件是该系统的零状态单位冲激响应 $h(t)$ 满足

$$h(t) = 0, \quad t < 0 \tag{1.1.28}$$

应该指出,在模拟系统中,因果系统是实际物理上可实现的一个必要条件。但在数字系统中,利用存储器的记忆功能可以实现非因果系统。

4)稳定和非稳定系统

稳定系统是指在输入有界时系统的输出有界,否则为非稳定系统。系统稳定的充分必要条件是该系统的零状态单位冲激响应 $h(t)$ 满足

$$\int_{-\infty}^{\infty} | h(t) | \, \mathrm{d}t < \infty \tag{1.1.29}$$

3. 线性时不变系统的零状态响应

1)冲激响应

对于单输入单输出的线性时不变系统,当激励信号为冲激信号 $\delta(t)$ 时,系统的输出或响应称为单位冲激响应,简称冲激响应,用 $h(t)$ 表示。如果系统的数学模型用 $T[\ ]$ 表示,则 $h(t)$ 可表示为

$$h(t) = T[\delta(t)] \tag{1.1.30}$$

冲激响应为 $h(t)$ 的系统模型可以表示为图1.1.4的形式。

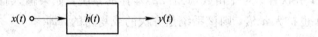

图 1.1.4　冲激响应为 $h(t)$ 的系统模型

2)线性时不变系统的零状态响应

线性时不变系统的数学模型用 $T[\ ]$ 表示,其输入信号 $x(t)$ 和输出信号 $y(t)$ 的关系为

$$y(t) = T[x(t)] = T[x(t) * \delta(t)] = T\left[\int_{-\infty}^{\infty} x(\tau)\delta(t-\tau)\mathrm{d}\tau\right] \tag{1.1.31}$$

考虑到系统具有线性性质,则有

$$y(t) = \int_{-\infty}^{\infty} x(\tau) T[\delta(t-\tau)]\mathrm{d}\tau \tag{1.1.32}$$

因为系统为时不变系统,所以

$$T[\delta(t-\tau)] = h(t-\tau) \tag{1.1.33}$$

将式(1.1.33)代入式(1.1.32),可得

$$y(t) = \int_{-\infty}^{\infty} x(\tau)h(t-\tau)\mathrm{d}\tau = x(t) * h(t) \tag{1.1.34}$$

即线性时不变系统的零状态响应是激励信号和系统冲激响应的卷积积分。

1.2　典型的离散时间序列

1. 离散时间信号的产生

对于以时间为自变量的信号，如果自变量时间是不连续的，则该信号称为离散时间信号；如果离散时间信号的自变量时间只在等间隔的离散时间有定义，则该信号称为等间隔离散时间信号。

对模拟信号等间隔采样，设采样周期为 T，如果被采样信号为 $x_a(t)$，则有

$$x_a(t)\,|_{t=nT} = x_a(nT) = x(nT),\ n \in (-\infty,\ \infty) \tag{1.2.1}$$

式中，n 为整数。显然，采样所得信号 $x(nT)$ 为等间隔离散时间信号，称为抽样信号、采样信号或取样信号。对于等间隔离散时间信号 $x(nT)$，其自变量为等间隔的离散时间 nT，其定义的相邻时刻的时间间隔为采样周期 T，T 为一定值，因此信号 $x(nT)$ 的值由 n 决定。

为了简化，将信号 $x(nT)$ 记为 $x(n)$，则有

$$x(n) = x(nT),\ n \in (-\infty,\ \infty) \tag{1.2.2}$$

称信号 $x(n)$ 为序列。对于离散时间信号，本书只讨论序列。

2. 常用的典型序列信号

1) 单位序列

单位序列也称为单位脉冲序列、单位采样序列或单位取样序列，定义为

$$\delta(n) = \begin{cases} 1,\ n = 0 \\ 0,\ n \neq 0 \end{cases} \tag{1.2.3}$$

单位序列如图 1.2.1 所示。

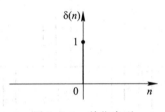

图 1.2.1　单位序列

2) 单位阶跃序列

单位阶跃序列定义为

$$\varepsilon(n) = \begin{cases} 1,\ n \geqslant 0 \\ 0,\ n < 0 \end{cases} \tag{1.2.4}$$

单位阶跃序列如图 1.2.2 所示。

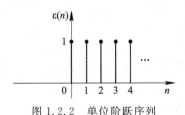

图 1.2.2　单位阶跃序列

3) 正弦序列

正弦序列定义为

$$x(n) = \sin(\omega n) \tag{1.2.5}$$

式中，ω 为正弦序列的数字域频率，单位为弧度（rad）。显然，ω 是 n 变化到 $n+1$ 时正弦函数相位变化的弧度数。

正弦序列可以由模拟信号采样产生，设模拟信号为

$$x_a(t) = \sin(\Omega t) \tag{1.2.6}$$

式中，Ω 为模拟信号的角频率，单位为弧度每秒（rad/s）。采样后得到的抽样信号为

$$x(n) = x(nT) = x_a(nT) = \sin(\Omega t)\,|_{t=nT} = \sin(\Omega nT) \tag{1.2.7}$$

设采样频率为 f_s，由于采样周期为 T，考虑到 $T = 1/f_s$，则有

$$x(n) = \sin(\Omega nT) = \sin\left(\frac{\Omega}{f_s}n\right) \tag{1.2.8}$$

令

$$\omega = \Omega T = \frac{\Omega}{f_s} \tag{1.2.9}$$

可得

$$x(n) = \sin(\omega n) \tag{1.2.10}$$

此即为正弦序列。在式（1.2.9）中，数字频率 ω 和模拟角频率 Ω 的关系具有普遍意义。

图 1.2.3 为 $x(n) = \sin\left(\frac{\pi}{5}n\right)$ 的序列图示。

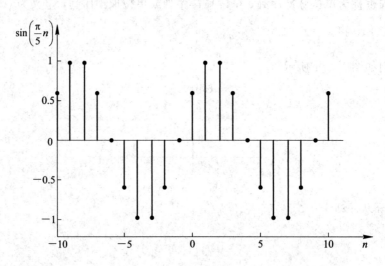

图 1.2.3　$x(n) = \sin\left(\frac{\pi}{5}n\right)$ 序列

4) 矩形序列

矩形序列定义为

$$R_N(n) = \begin{cases} 1, & 0 \leqslant n \leqslant N-1 \\ 0, & 0 < n \text{ 或 } n \geqslant N \end{cases} \tag{1.2.11}$$

式中，N 称为矩形序列的长度。

矩形序列 $R_7(n)$ 如图 1.2.4 所示。

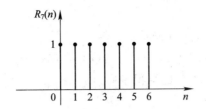

图 1.2.4　矩形序列 $R_7(n)$

5）实指数序列

实指数序列定义为

$$x(n) = a^n \varepsilon(n) \tag{1.2.12}$$

式中，a 为实数。当 $|a|<1$ 时，序列收敛；当 $|a|>1$ 时，序列发散。

6）周期序列

一个序列，如果自变量 n 存在一个最小的正整数 N，使得

$$x(n) = x(n+N) \tag{1.2.13}$$

则称该序列 $x(n)$ 为周期序列，其周期为 N。图 1.2.3 所示的 $x(n) = \sin\left(\dfrac{\pi}{5}n\right)$ 即为周期 $N=10$ 的周期序列。注意：因为周期序列的周期为整数，所以正弦序列不一定全是周期序列，例如，$x(n) = \sin\left(\dfrac{\pi}{\sqrt{5}}n\right)$ 为非周期序列。

7）复指数序列

复指数序列定义为

$$x(n) = \mathrm{e}^{(\sigma + j\omega_0)n} \tag{1.2.14}$$

式中，σ 和 ω_0 为实数，ω_0 为序列的数字域频率。如果 $\sigma = 0$，式(1.2.14)可以简化为

$$x(n) = \mathrm{e}^{jn\omega_0} = \cos(n\omega_0) + j\sin(n\omega_0) \tag{1.2.15}$$

根据式(1.2.15)，容易验证：

$$x(n) = \mathrm{e}^{jn\omega_0} = \mathrm{e}^{jn(\omega_0 + 2\pi)} \tag{1.2.16}$$

即当 $\sigma = 0$ 时，复指数序列是以 2π 为周期的周期函数，因此在 $\sigma=0$ 时的复指数序列研究中，只需要考虑一个周期就可以。

1.3　离散时间序列的运算

1.3.1　序列的运算

考虑到除法可以归并为乘法，减法可以归并为加法，则数字信号处理中常见的序列运算包括加法、乘法、移位、翻转、尺度变换、差分和迭分。

1. 加法

如果序列 $x(n)$、$x_1(n)$、$x_2(n)$ 满足：

$$x(n) = x_1(n) + x_2(n) \tag{1.3.1}$$

则称序列 $x(n)$ 为 $x_1(n)$ 和 $x_2(n)$ 的和序列。

2. 乘法

如果序列 $x(n)$、$x_1(n)$、$x_2(n)$ 满足：

$$x(n) = x_1(n) \times x_2(n) = x_1(n) \cdot x_2(n) = x_1(n)x_2(n) \qquad (1.3.2)$$

则称序列 $x(n)$ 为 $x_1(n)$ 和 $x_2(n)$ 的乘积序列。

3. 移位

当 n 和 n_0 为整数时，序列 $x(n)$ 的移位序列为 $x(n-n_0)$。当 $n_0 > 0$ 时，$x(n-n_0)$ 可以通过将序列 $x(n)$ 沿横坐标右移 n_0 个单位得到，称为序列 $x(n)$ 的延时序列；当 $n_0 < 0$ 时，$x(n-n_0)$ 可以通过将序列 $x(n)$ 沿横坐标左移 n_0 个单位得到，称为序列 $x(n)$ 的超前序列。

图 1.3.1 为 $n_0 = 1$ 时矩形序列 $R_5(n)$ 和其移位序列 $R_5(n-1)$。

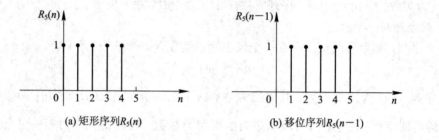

(a) 矩形序列 $R_5(n)$ (b) 移位序列 $R_5(n-1)$

图 1.3.1 矩形序列和其移位序列

4. 翻转

序列 $x(-n)$ 称为序列 $x(n)$ 的翻转序列。显然，序列 $x(-n)$ 和 $x(n)$ 关于纵坐标轴对称，如图 1.3.2 所示。

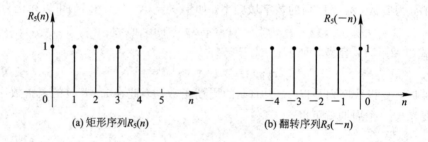

(a) 矩形序列 $R_5(n)$ (b) 翻转序列 $R_5(-n)$

图 1.3.2 矩形序列和其翻转序列

5. 尺度变换

设 m 为正整数，则序列 $x(mn)$ 称为序列 $x(n)$ 的尺度变换序列。显然，序列 $x(mn)$ 只在 $\cdots, -m, 0, m, 2m, \cdots$ 点有定义，并且在这些点的值等于序列 $x(n)$ 在该点的取值。图 1.3.3 为 $m = 2$ 的图形。

6. 差分和迭分

序列 $x(n)$ 的前向差分表示为

$$\Delta x(n) = x(n+1) - x(n) \qquad (1.3.3)$$

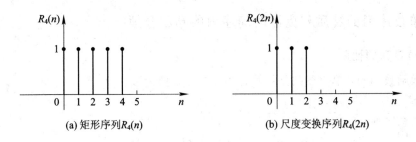

(a) 矩形序列$R_4(n)$　　　　　　　　　　(b) 尺度变换序列$R_4(2n)$

图 1.3.3　当 $m=2$ 时的矩形序列和其尺度变换序列

序列 $x(n)$ 的后向差分表示为

$$\nabla x(x) = x(n) - x(n-1) \tag{1.3.4}$$

序列 $x(n)$ 的迭分表示为

$$y(n) = \sum_{k=-\infty}^{n} x(k) \stackrel{\text{记作}}{=\!=\!=} D(x(n)) \tag{1.3.5}$$

1.3.2　典型序列信号的关系

1.　单位序列和单位阶跃序列的关系

单位序列 $\delta(n)$ 和单位阶跃序列 $\varepsilon(n)$ 的关系为

$$\delta(n) = \varepsilon(n) - \varepsilon(n-1) \tag{1.3.6}$$

$$\varepsilon(n) = \sum_{k=0}^{\infty} \delta(n-k) \tag{1.3.7}$$

令 $n-k = m$，式(1.3.7)可写为

$$\varepsilon(n) = \sum_{m=-\infty}^{\infty} \delta(m) \tag{1.3.8}$$

2.　矩形序列和单位阶跃序列的关系

矩形序列用单位阶跃序列表示为

$$R_N(n) = \varepsilon(n) - \varepsilon(n-N) \tag{1.3.9}$$

1.3.3　离散序列的卷积

两个离散时间序列的卷积也称为两个序列的线性卷积，离散信号 $x_1(n)$ 和 $x_2(n)$ 的卷积定义为

$$x_1(n) * x_2(n) = \sum_{m=-\infty}^{\infty} x_1(m) x_2(n-m) \tag{1.3.10}$$

离散序列的卷积满足交换律、结合律和分配律。

（1）交换律：$x_1(n) * x_2(n) = x_2(n) * x_1(n)$。

（2）结合律：$(x_1(n) * x_2(n)) * x_3(n) = x_1(n) * (x_2(n) * x_3(n))$。

（3）分配律：$x_1(n) * (x_2(n) + x_3(n)) = x_1(n) * x_2(n) + x_1(n) * x_3(n)$。

与连续信号类似，设 n_0 为常数，离散序列的卷积还有如下性质：

（1）移位性质：$x_1(n-n_0) * x_2(n) = x_1(n) * x_2(n-n_0)$。

（2）差分性质：$\Delta x_1(n) * x_2(n) = x_1(n) * \Delta x_2(n)$，$\nabla x_1(n) * x_2(n) = x_1(n) * \nabla x_2(n)$。

1.3.4 单位序列的性质和离散时间序列的卷积分解

1. 单位序列的性质

与冲激函数相同，单位序列具有筛选性，并且是偶函数。

1）单位序列的筛选性

对于任意序列 $x(n)$，有

$$x(n)\delta(n-n_0) = x(n_0)\delta(n-n_0) = x(n_0) \tag{1.3.11}$$

称为单位序列的筛选性。

2）单位序列是偶函数

单位序列是偶函数，可以表示为

$$\delta(n) = \delta(-n) \tag{1.3.12}$$

2. 离散时间序列的卷积分解

设 m 为整数，任一离散时间序列 $x(n)$ 都可以分解为单位序列移位加权和的形式，即

$$x(n) = x(n) * \delta(n) = \sum_{m=-\infty}^{\infty} x(m)\delta(n-m) \tag{1.3.13}$$

式中，$\delta(n-m)$ 是 $\delta(m)$ 的翻转再右移 n 的序列。利用单位序列的筛选性容易证明式(1.3.13)。

序列的移位等于单位序列的移位函数和序列的卷积，即

$$x(n-n_0) = x(n) * \delta(n-n_0) \tag{1.3.14}$$

考虑到单位序列是偶函数，利用单位序列的筛选性容易证明式(1.3.14)。

例 1.3.1 已知 $x_1(n) = x_2(n) = R_3(n)$，求 $y(n) = x_1(n) * x_2(n)$。

解
$$y(n) = x_1(n) * x_2(n) = \sum_{m=-\infty}^{\infty} R_3(m)R_3(n-m)$$

由于

$$R_3(m) = [\cdots, 0, 0, \underset{m=0}{1}, 1, 1, 0, 0, \cdots]$$

$$R_3(-m) = [\cdots, 0, 0, \underset{m=-2}{1}, 1, 1, 0, 0, \cdots]$$

显然，当 $n<0$ 或 $n>4$ 时，$y(n) = 0$。当 $0 \leqslant n \leqslant 4$ 时，依次求解得

当 $n=0$ 时，$y(0) = 1$

当 $n=1$ 时，$y(1) = 2$

当 $n=2$ 时，$y(2) = 3$

当 $n=3$ 时，$y(3) = 2$

当 $n=4$ 时，$y(4) = 1$

1.4　线性时不变离散时间系统

1.4.1　离散时间系统的模型和表示

设离散时间系统的输入为 $x(n)$，输出为 $y(n)$，系统的数学模型用 $T[\ ]$ 表示，则系统输

入和输出的关系可以表示为

$$y(n) = T[x(n)] \tag{1.4.1}$$

该系统也可用框图表示为图 1.4.1 的形式。

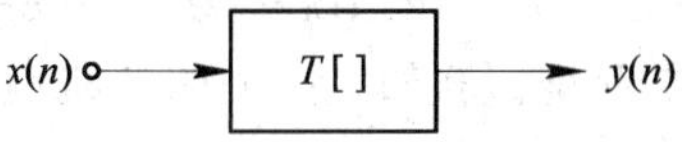

图 1.4.1　离散时间系统

　　最常见和最重要的系统是线性时不变系统，很多实际的物理系统都是线性时不变系统。本书重点研究线性时不变系统。

1.4.2　线性离散时间系统的数学模型

　　一个系统的数学模型用 $T[\ ]$ 表示，当输入为 $x_1(n)$ 时，输出为 $y_1(n)$；当输入为 $x_2(n)$ 时，输出为 $y_2(n)$。设 a 和 b 为常数，如果系统的输入为 $ax_1(n)+bx_2(n)$，则系统的输出为 $ay_1(n)+by_2(n)$。也就是说，若

$$\begin{cases} y_1(n) = T[x_1(n)] \\ y_2(n) = T[x_2(n)] \end{cases} \tag{1.4.2}$$

则

$$ay_1(n)+by_2(n) = T[ax_1(n)+bx_2(n)] \tag{1.4.3}$$

该系统称为线性系统。式(1.4.3)也称为线性叠加定理。

　　线性系统有两个性质，依次为齐次性和可加性。

　　1. 齐次性

　　一个系统，满足：

$$y_1(n) = T[x_1(n)] \tag{1.4.4}$$

设 a 为常数，如果

$$ay_1(n) = T[ax_1(n)] \tag{1.4.5}$$

那么该系统满足齐次性。

　　2. 可加性

　　一个系统，满足：

$$y_1(n) = T[x_1(n)] \tag{1.4.6}$$
$$y_2(n) = T[x_2(n)] \tag{1.4.7}$$

如果

$$y_1(n)+y_2(n) = T[x_1(n)+x_2(n)] \tag{1.4.8}$$

那么该系统满足可加性。

　　同时满足齐次性和可加性的系统为线性系统。

1.4.3　时不变离散时间系统的数学模型

　　一个系统，如果其数学模型 $T[\ ]$ 不随时间变化，也即其输入信号和输出响应的关系不随时间变化，那么该系统称为时不变系统。时不变系统的数学模型可以表示为

$$y(n) = T[x(n)] \tag{1.4.9}$$

如果

$$y(n-m) = T[x(n-m)] \tag{1.4.10}$$

式中，m 为整数，表示时间的延迟，那么该系统称为时不变系统。

很多实际的系统都是时不变系统。例如，一个榨汁机就是一个时不变系统，今天可以用一个苹果榨出苹果汁，延迟一天，明天仍然可以用一个大小相同的苹果榨出同样多的苹果汁。

1.4.4　线性时不变离散时间系统输入信号和输出响应之间的关系

1. 单位序列响应

一个系统，设输入信号为 $x(n)$，输出响应为 $y(n)$，系统的零状态模型表示为

$$y(n) = T[x(n)] \tag{1.4.11}$$

把输入信号为单位序列 $\delta(n)$ 的零状态输出响应记为 $h(n)$，即

$$h(n) = T[\delta(n)] \tag{1.4.12}$$

则 $h(n)$ 称为系统的单位序列响应。由于单位序列 $\delta(n)$ 为偶函数，则易知 $h(n)$ 也为偶函数。

2. 线性时不变离散时间系统输入信号和输出响应之间的关系介绍

一个零状态系统 $T[\ ]$，设输入信号为 $x(n)$，输出响应为 $y(n)$，则有

$$y(n) = T[x(n)] \tag{1.4.13}$$

将输入信号 $x(n)$ 分解为单位序列的移位加权和，得

$$x(n) = x(n) * \delta(n) = \sum_{m=-\infty}^{\infty} x(m)\delta(n-m) \tag{1.4.14}$$

考虑到单位序列为偶函数，则有

$$y(n) = T[x(n)] = T\Big[\sum_{m=-\infty}^{\infty} x(m)\delta(n-m)\Big]$$

$$= \sum_{m=-\infty}^{\infty} x(m)T[\delta(n-m)] = \sum_{m=-\infty}^{\infty} x(m)h(n-m) \tag{1.4.15}$$

即

$$y(n) = \sum_{m=-\infty}^{\infty} x(m)h(n-m) = x(n) * h(n) \tag{1.4.16}$$

1.4.5　离散时间系统的因果性和稳定性

1. 因果性

如果离散时间系统 n 时刻的响应由该时刻以及该时刻前的输入序列决定，和该时刻后的输入序列无关，则该系统具有因果性，为因果系统。如果离散时间系统 n 时刻的响应由该时刻后的输入序列决定，和该时刻及该时刻之前的输入序列无关，则该系统为反因果系统。如果离散时间系统 n 时刻的响应由该时刻及前后的输入序列共同决定，则该系统为非因果系统。

线性时不变离散时间系统具有因果性的充分必要条件为

$$h(n) = 0, \, n < 0 \tag{1.4.17}$$

实践和理论已经证明，非因果和反因果的模拟系统物理上不能实现，而具有存储功能的非因果和反因果的数字系统在物理上借助存储器的记忆功能可以实现。

2. 稳定性

在有界输入条件下，输出响应有界的系统为稳定系统。系统稳定的充分必要条件是该系统的零状态单位序列响应 $h(n)$ 绝对可和，即

$$\sum_{n=-\infty}^{\infty} |h(n)| < \infty \tag{1.4.18}$$

1.5　数/模和模/数转换的数学模型

1.5.1　模拟信号数字处理方法的基本过程

模拟信号数字处理方法的基本过程如图 1.5.1 所示。

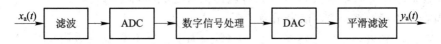

图 1.5.1　模拟信号数字处理过程框图

在图 1.5.1 中，ADC 表示模/数转换，DAC 表示数/模转换。模拟信号 $x_a(t)$ 经过模/数转换 ADC 后成为数字信号，对数字信号进行数字信号处理，处理完成后经过数/模转换 DAC 成为模拟信号，平滑滤波后输出，输出信号为模拟信号 $y_a(t)$。滤波和平滑滤波过程是模拟过程，采用模拟滤波器完成，不属于本书讨论的范围。本书讨论 ADC 的数学模型、DAC 的数学模型和数字信号处理的方法。

本节讨论 ADC 的数学模型和 DAC 的数学模型，数字信号处理的方法在以后章节介绍。

1.5.2　模/数转换的数学模型

模/数转换 ADC 包括采样、量化和编码，通过采样、量化和编码将模拟信号转换为数字信号。采样将模拟信号 $x_a(t)$ 变换成离散时间序列 $x(n)$，离散时间序列 $x(n)$ 的函数值仍为模拟值。将序列 $x(n)$ 的函数值离散化称为量化，量化后再将其值表示为二进制数字信号。

1. 采样

采样就是将模拟信号 $x_a(t)$ 变换成离散时间序列 $x(n)$ 的过程。采样过程的输出信号称为采样信号、抽样信号或取样信号。

1）实际采样过程的数学模型

采样的实际物理过程相当于模拟信号通过一个开关 S，通过控制开关的通断使模拟信号转换为离散时间信号。这一过程可以用图 1.5.2 表示。

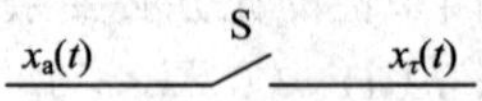

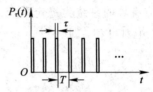

图 1.5.2　采样过程图

设电子开关 S 每隔时间 T 闭合一次，每次闭合持续时间 $\tau \ll T$，则开关的数学模型是周期为 T、脉冲宽度为 τ 的脉冲串 $P_\tau(t)$，如图 1.5.3 所示。

图 1.5.3　脉冲串 $P_\tau(t)$

显然，实际采样过程的数学模型为

$$x_\tau(t) = x_a(t) \cdot P_\tau(t) \tag{1.5.1}$$

2）理想采样过程的数学模型

为了简化分析而又不削弱实际采样的本质特征，考虑理想情况 $\tau \rightarrow 0$。当 $\tau \rightarrow 0$ 时，脉冲串 $P_\tau(t)$ 变成单位冲激串函数 $\delta_T(t)$，采样输出信号变成序列 $x_\delta(t)$。

单位冲激串函数 $\delta_T(t)$ 可以表示为

$$\delta_T(t) = \sum_{n=-\infty}^{\infty} \delta(t - nT) \tag{1.5.2}$$

单位冲激串函数 $\delta_T(t)$ 如图 1.5.4 所示。

图 1.5.4　单位冲激串函数 $\delta_T(t)$

显然，理想采样过程的数学模型为

$$x_\delta(t) = x_a(t) \cdot \delta_T(t)$$

$$= x_a(t) \cdot \sum_{n=-\infty}^{\infty} \delta_T(t - nT)$$

$$= \sum_{n=-\infty}^{\infty} x_a(t) \delta_T(t - nT)$$

$$= \sum_{n=-\infty}^{\infty} x_a(nT) \delta_T(t - nT) \tag{1.5.3}$$

理想采样过程的数学模型可以用图 1.5.5 表示。

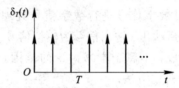

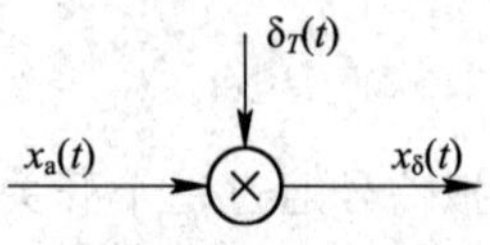

图 1.5.5　理想采样过程的数学模型图

3）理想采样过程的频谱分析

设 $x_a(t)$、$x_\delta(t)$、$\delta_T(t)$ 的傅里叶变换依次为 $X_a(\Omega)$、$X_\delta(\Omega)$、$\delta_T(\Omega)$。按照傅里叶变换的频域卷积特性，则式(1.5.3)对应的频域关系为

$$X_\delta(\Omega) = \frac{1}{2\pi} X_a(\Omega) * \delta_T(\Omega) \tag{1.5.4}$$

下面求 $\delta_T(t)$ 的傅里叶变换 $\delta_T(\Omega)$，首先将周期信号 $\delta_T(t)$ 展开为傅里叶级数：

$$\delta_T(t) = \sum_{k=-\infty}^{\infty} F_k e^{jk\Omega_s t} \tag{1.5.5}$$

式中：

$$\Omega_s = \frac{2\pi}{T} \tag{1.5.6}$$

$$F_k = \frac{1}{T} \int_{-\frac{T}{2}}^{\frac{T}{2}} \delta_T(t) e^{-jk\Omega_s t} dt = \frac{1}{T} \tag{1.5.7}$$

将式(1.5.5)等号两边同时做傅里叶变换，得

$$\delta_T(\Omega) = \frac{2\pi}{T} \sum_{k=-\infty}^{\infty} \delta(\Omega - k\Omega_s) \tag{1.5.8}$$

将式(1.5.8)代入式(1.5.4)，得

$$X_\delta(\Omega) = \frac{1}{2\pi} X_a(\Omega) * \delta_T(\Omega) = \frac{1}{T} \sum_{k=-\infty}^{\infty} X_a(\Omega) * \delta(\Omega - k\Omega_s) = \frac{1}{T} \sum_{k=-\infty}^{\infty} X_a(\Omega - k\Omega_s) \tag{1.5.9}$$

式(1.5.9)说明采样信号的傅里叶变换是输入信号频谱的周期性复制，周期为 Ω_s。

设输入信号 $x_a(t)$ 为有限带宽信号，其频率范围为 $-\Omega_c \leqslant \Omega \leqslant \Omega_c$，$\Omega_c$ 称为信号的上限角频率。设 $\Omega_s \geqslant 2\Omega_c$，采样过程的信号频谱如图 1.5.6 所示，其中图(d)为 $\Omega_s < 2\Omega_c$ 时的采样信号频谱，周期性频谱出现了交叠。

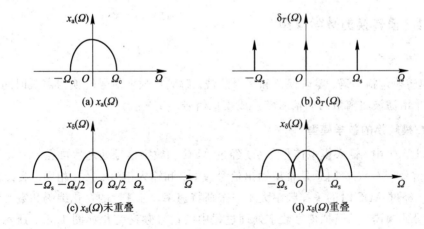

图 1.5.6　采样信号的频谱

4）采样信号的恢复

采样信号恢复的目的是由采样信号的频谱 $X_\delta(\Omega)$ 恢复出原信号的频谱 $X_a(\Omega)$，再由 $X_a(\Omega)$ 经过傅里叶逆变换恢复成原信号 $x_a(t)$。显然，如果采样信号不重叠，如图 1.5.6(c)所示，则只要使采样信号通过一个理想低通滤波器滤除 $X_a(\Omega)$ 外的复制频谱，其输出频谱和原信号的频谱相同，对其进行傅里叶逆变换即可恢复为原信号 $x_a(t)$。而如果采样信号重

叠，如图 1.5.6(d)所示，则无法由采样信号的频谱 $X_\delta(\Omega)$ 得到和原信号的频谱 $X_a(\Omega)$ 相同的频谱，原信号不能无失真地恢复。

5）采样定理

总结以上分析可以得到采样定理：

如果采样角频率大于被采样信号上限角频率的 2 倍，即 $\Omega_s \geqslant 2\Omega_c$，或用频率表示为 $f_s \geqslant 2f_c$，其中 f_s 为采样频率，f_c 为信号的上限频率，则采样信号的频谱不发生交叠，可以用一个低通滤波器无失真地恢复出原信号的频谱，再经过傅里叶逆变换可以无失真地恢复出原信号。而如果 $f_s < 2f_c$，则采样信号的频谱会发生交叠，不能无失真地恢复出原信号的频谱和原信号。

采样定理由奈奎斯特(Nyquist)首先提出，因此也叫奈奎斯特定理。显然，由采样信号无失真地恢复原信号的最低采样频率是 $f_s = 2f_c$，这一频率称为奈奎斯特速率。$f_s = 2f_c$ 对应的采样时间间隔 $\dfrac{1}{2f_c}$ 是无失真的可恢复采样时间间隔的最大值，称为奈奎斯特间隔。

2. 量化

采样信号 $x_\delta(t)$ 是模拟信号，表示为数字信号之前先要将其量化。量化就是用可表示的二进制数去近似 $x_\delta(t)$。例如，当 $x_\delta(t) = 8.1$ 时，其量化值为 8，用数字信号表示为二进制数 1000。显然，实际值 8.1 和量化值 8 不同，这样产生的误差称为量化误差。量化误差由计算机可表示的最小二进制数决定。量化误差对信号处理的结果有影响，称为量化效应。

3. 编码

量化后的信号用数字信号表示称为编码。编码一般按一定的规则进行，编码后的二进制数和采样信号量化值不一定相等。例如，对于上面的量化值 8，用 BCD 码表示为 1000；而如果用格雷码表示为 1100，其表示的数值为 10，不等于量化值 8。

1.5.3　数/模转换的数学模型

1. 数/模转换

数/模转换包括解码、零阶保持和平滑滤波。解码将数字信号转换为离散时间信号，零阶保持和平滑滤波将离散时间信号转换成模拟信号。

2. 数/模转换的数学模型

在图 1.5.1 中，输入模拟信号 $x_a(t)$ 经过 ADC 和数字信号处理后再经 DAC、平滑滤波输出模拟信号 $y_a(t)$，我们总是希望输出信号 $y_a(t)$ 和输入信号 $x_a(t)$ 相同。假设输入模拟信号 $x_a(t)$ 经过 ADC 时的采样频率大于奈奎斯特速率，且其后的量化编码和数字信号处理不改变信号的频谱，则模拟信号数字处理过程中的信号频谱变化如图 1.5.7 所示，其中的 $Y_a(\Omega)$ 为输出信号 $y_a(t)$ 的频谱。

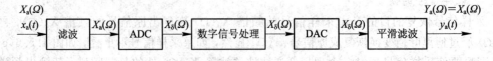

图 1.5.7　模拟信号数字处理过程信号频谱变化图

采样定理告诉我们，当采样频率大于奈奎斯特速率时，可以使采样信号通过一个低通滤波器，滤除 $X_a(\Omega)$ 外的频谱，只剩下 $X_a(\Omega)$ 输出，即可实现输出信号 $y_a(t)$ 和输入信号 $x_a(t)$ 相同。这个低通滤波器功能由图 1.5.7 中的平滑滤波完成。

设低通滤波器的频谱为

$$G(\Omega) = \begin{cases} T, & |\Omega| < \dfrac{\Omega_s}{2} \\ 0, & |\Omega| \geqslant \dfrac{\Omega_s}{2} \end{cases} \tag{1.5.10}$$

则有

$$Y_a(\Omega) = X_\delta(\Omega) \times G(\Omega) \tag{1.5.11}$$

设低通滤波器 $G(\Omega)$ 对应的时域信号为 $g(t)$。由于 $X_\delta(\Omega)$ 对应的时域信号为 $x_\delta(t)$，则式(1.5.11)对应的时域表达式为

$$y_a(t) = x_\delta(t) * g(t) \tag{1.5.12}$$

式中：

$$\begin{aligned} g(t) &= \mathrm{IFT}(G(\Omega)) = \frac{1}{2\pi}\int_{-\infty}^{\infty} G(\Omega)e^{j\Omega t}\,d\Omega \\ &= \frac{1}{2\pi}\int_{-\frac{\Omega_s}{2}}^{\frac{\Omega_s}{2}} Te^{j\Omega t}\,d\Omega \\ &= \frac{\sin(\frac{\Omega_s t}{2})}{\frac{\Omega_s t}{2}} = \frac{\sin(\frac{\pi t}{T})}{\frac{\pi t}{T}} \end{aligned} \tag{1.5.13}$$

式中，IFT 表示傅里叶逆变换，因此

$$\begin{aligned} y_a(t) &= x_\delta(t) * g(t) = \int_{-\infty}^{\infty}\Big(\sum_{n=-\infty}^{\infty} x_a(nT)\delta(\tau-nT)\Big)g(t-\tau)\,d\tau \\ &= \sum_{n=-\infty}^{\infty}\int_{-\infty}^{\infty} x_a(nT)\delta(\tau-nT)g(t-\tau)\,d\tau \\ &= \sum_{n=-\infty}^{\infty}\int_{-\infty}^{\infty}\delta(\tau-nT)\,d\tau \times x_a(nT)g(t-nT) \\ &= \sum_{n=-\infty}^{\infty} x_a(nT)g(t-nT) \end{aligned} \tag{1.5.14}$$

将式(1.5.13)代入式(1.5.14)，并考虑到输出信号 $y_a(t)$ 和输入信号 $x_a(t)$ 相同，因此

$$\begin{aligned} x_a(t) &= \sum_{n=-\infty}^{\infty} x_a(nT)g(t-nT) \\ &= \sum_{n=-\infty}^{\infty} x_a(nT)\frac{\sin\left[\frac{\pi(t-nT)}{T}\right]}{\frac{\pi(t-nT)}{T}} \end{aligned} \tag{1.5.15}$$

式(1.5.15)是一个内插公式，$g(t-nT)$ 称为内插函数。当 $t=nT$ 时，$g(t-nT)=1$，等式两

边相等；当 $t \neq nT$ 时，由内插函数和序列 $x_{\mathrm{a}}(nT)$ 完成内插。

函数 $g(t)$ 的波形图 如图 1.5.8 所示，这是一个非因果的无限长时间函数，是不可实现的。

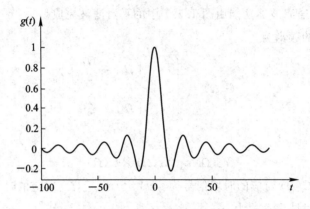

图 1.5.8　函数 $g(t)$ 的波形图

1.6　MATLAB 应用举例——序列卷积运算

按式(1.3.10)，离散信号 $x_1(n)$ 和 $x_2(n)$ 的卷积定义为

$$y(n) = x_1(n) * x_2(n) = \sum_{m=-\infty}^{\infty} x_1(m)x_2(n-m)$$

设 $x_1(n)(n_{1l} \leqslant n \leqslant n_{1u})$ 和 $x_2(n)(n_{2l} \leqslant n \leqslant n_{2u})$ 的长度分别为 N_1 和 N_2，$y(n)(n_l \leqslant n \leqslant n_u)$ 的长度为 N，则

$$N = N_1 + N_2 - 1$$
$$n_l = n_{1l} + n_{2l}$$
$$n_u = n_{1u} + n_{2u}$$

例 1.6.1　已知 $x_1(n) = R_4(n-2)$，$x_2(n) = R_6(n+3)$，求 $y(n) = x_1(n) * x_2(n)$。

解　设 $x_1(n)(n_{1l} \leqslant n \leqslant n_{1u})$ 和 $x_2(n)(n_{2l} \leqslant n \leqslant n_{2u})$ 的长度分别为 N_1 和 N_2，$y(n)(n_l \leqslant n \leqslant n_u)$ 的长度为 N，则

$$N_1 = 4, \; n_{1l} = 2, \; n_{1u} = 5$$
$$N_2 = 6, \; n_{2l} = -3, \; n_{2u} = 2$$
$$N = N_1 + N_2 - 1 = 9$$
$$n_l = n_{1l} + n_{2l} = -1$$
$$n_u = n_{1u} + n_{2u} = 7$$
$$x_1(n) = \{1, 1, 1, 1\}_{[2, 5]}$$
$$x_2(n) = \{1, 1, 1, 1, 1, 1\}_{[-3, 2]}$$

MATLAB 中求序列的卷积可以调用 conv 函数，但要注意该函数默认序列的非零项的序号从 0 开始，因此如果设

$$y_1(n) = \mathrm{conv}(x_1(n), x_2(n))$$

则

$$y(n) = y_1(n+1)$$

计算 $y(n) = x_1(n) * x_2(n)$ 的 MATLAB 程序如下：

```
clear all; close all; clc;
x1=[1 1 1 1]; n1=2:5;
x2=[1 1 1 1 1 1]; n2=-3:2;
y1=conv(x1, x2); n=-1:7;
subplot(221)
stem(n1, x1); axis([-5 8 -0.5 1.3]);xlabel('n'); ylabel('x1(n)');
title('序列 x1(n)');
subplot(222)
stem(n2, x2); axis([-5 8 -0.5 1.3]);xlabel('n'); ylabel('x2(n)');
title('序列 x2(n)');
subplot(212)
stem(n, y1); axis([-2 8 -0.5 6]);xlabel('n'); ylabel('y(n)');
title('序列 y(n)');
```

程序运行结果如图 1.6.1 所示。

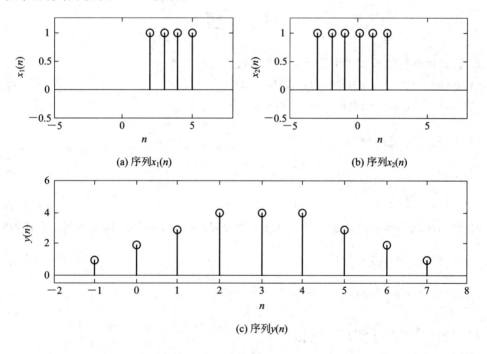

(a) 序列$x_1(n)$ (b) 序列$x_2(n)$

(c) 序列$y(n)$

图 1.6.1 序列的线性卷积计算结果图示

小 结

本章主要讲述离散时间信号与系统的时域分析，主要包括以下内容：

（1）首先简要回顾连续时间信号和系统的基本概念，包括连续时间信号的分类、冲激信号和阶跃信号及系统的基本概念和主要性质。这些知识是进一步学习的理论基础。

（2）离散时间信号可以由连续时间信号采样得到。典型的离散时间序列包括单位序列、单位阶跃序列、矩形序列、正弦序列和指数序列等。与连续时间信号不同，正弦序列不一定是周期信号。

（3）离散时间序列的运算包括相加、相乘、翻转、移位、尺度变换和线性卷积。单位序列是单位阶跃序列的后向差分，单位阶跃序列是单位序列的迭分。单位序列具有筛选性，任一序列可以表示为其与单位序列的卷积，称为序列的卷积分解。

（4）线性时不变离散时间系统是本书的研究重点。线性时不变离散时间系统的零状态输出响应等于输入信号和系统的单位序列响应的卷积。系统的因果性反映输入激励和输出响应在时域的先后顺序。系统的稳定性反映输入激励和输出响应的能量关系。系统稳定的条件是系统的单位序列响应绝对可和。

（5）模拟信号经过模/数转换为数字信号后，可以进行数字信号处理，数字信号处理结束后再经过数/模转换并滤波成为模拟信号。数/模转换包括采样、量化和编码三个过程。采样将模拟信号转化为离散时间信号，是对模拟信号的自变量时间的离散化；量化将信号的模拟值离散化，使其成为可以用二进制表示的数值；编码将量化的信号值表示为二进制的数字信号。对模拟信号采样相当于模拟信号和单位冲激信号相乘。

习　　题

1. 已知序列的解析式如下所示，画出序列的波形。

（1）$x(n) = \delta(n) + 2\delta(n+1) - 3\delta(n-2)$；

（2）$x(n) = \varepsilon(n) + 2\delta(n+1) - 2\delta(n+2)$；

（3）$x(n) = 2\sum_{k=-\infty}^{\infty} \delta(k)$；

（4）$x(n) = \cos(\frac{\pi n}{3})\varepsilon(n)$；

（5）$x(n) = e^{-1+\frac{i\pi n}{3}}\varepsilon(n)$。

2. 已知序列的解析式如下所示，判断是否为周期序列，如果是周期序列，求其周期。

（1）$x(n) = \sin\left(\frac{5}{12}\pi n\right)$；

（2）$x(n) = \cos\left(\frac{7}{3}\pi n\right)$；

（3）$x(n) = \cos\left(\frac{7}{3}\pi n\right) + \sin\left(\frac{5}{18}\pi n\right)$；

（4）$x(n) = \cos\left(\frac{7}{\sqrt{3}}\pi n\right) + \sin\left(\frac{5}{4}\pi n\right)$。

3. 已知：

$$x(n) = \begin{cases} -n, & -3 \leqslant n \leqslant 0 \\ 2n, & 0 < n \leqslant 3 \\ 0, & \text{其他} \end{cases}$$

（1）分别用矩形序列和阶跃序列表示 $x(n)$；

（2）画出 $y(n) = 3x(-n+3)$ 的波形；

（3）画出 $y(n) = 2x(-2n-1)$ 的波形。

4. 判断下列系统的线性、时不变性、因果性和稳定性。

(1) $y(n) = x(n)\varepsilon(n)$；

(2) $y(n) = [x(n-1)+1]\varepsilon(n)$；

(3) $y(n) = \delta(n)$。

5. 判断 $y(n) = 2\cos(\dfrac{n\pi}{3})\varepsilon(n)$ 的稳定性。

6. 已知：

$$x_1(n) = \begin{cases} -n, & -3 \leqslant n \leqslant 0 \\ n, & 0 < n \leqslant 3, \quad x_2(n) = R_4(n) \\ 0, & \text{其他} \end{cases}$$

求 $x_1(n)$ 和 $x_2(n)$ 的卷积。

7. 对模拟信号 $x_a(t)$ 进行理想采样的数学模型如图 1.1 所示。

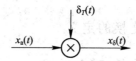

图 1.1　理想采样过程的数学模型图

(1) 写出 $\delta_T(t)$ 的表达式；

(2) 求 $\delta_T(t)$ 的傅里叶变换；

(3) 写出 $x_\delta(t)$ 的表达式；

(4) 求 $x_\delta(t)$ 的傅里叶变换；

8. 设模拟信号 $x_a(t) = \sin(2\pi ft + \pi/6)$，频率 $f = 1000$。

(1) 求 $x_a(t)$ 的周期 T；

(2) 用频率 $f_s = 3000$ 对 $x_a(t)$ 进行采样，写出采样信号 $x_\delta(t)$ 的表达式；

(3) 采样信号 $x_\delta(t)$ 的序列用 $x(n)$ 表示，求 $x(n)$ 的周期 N。

离散时间信号与系统的频域分析

2.1　序列的傅里叶变换和逆变换

2.1.1　序列傅里叶变换和逆变换的定义

1. 序列傅里叶变换和逆变换的定义简介

设有序列 $x(n)$，在其傅里叶变换存在的条件下，其傅里叶变换定义为

$$X(\omega) = \text{FT}(x(n)) = \sum_{n=-\infty}^{\infty} x(n)e^{-j\omega n} \tag{2.1.1}$$

式中，FT 表示傅里叶变换（Fourier Transform，FT）；ω 为数字频率，单位是弧度（rad）。容易验证，$X(\omega)$ 是以 2π 为周期的周期函数。

序列傅里叶变换的逆变换定义为

$$x(n) = \text{IFT}(X(\omega)) = \frac{1}{2\pi}\int_{-\pi}^{\pi} X(\omega)e^{j\omega n}\,d\omega \tag{2.1.2}$$

下面由式(2.1.1)推导式(2.1.2)。首先对式(2.1.1)等号两边同乘 $e^{j\omega m}$，得

$$X(\omega)e^{j\omega m} = \sum_{n=-\infty}^{\infty} x(n)e^{-j\omega n}e^{j\omega m} = \sum_{n=-\infty}^{\infty} x(n)e^{-j\omega(n-m)} \tag{2.1.3}$$

对式(2.1.3)等号两边在区间 $\omega \in [-\pi, \pi]$ 积分，得

$$\int_{-\pi}^{\pi} X(\omega)e^{j\omega m}\,d\omega = \int_{-\pi}^{\pi}\sum_{n=-\infty}^{\infty} x(n)e^{-j\omega(n-m)}\,d\omega = \sum_{n=-\infty}^{\infty} x(n)\int_{-\pi}^{\pi} e^{-j\omega(n-m)}\,d\omega$$

$$= 2\pi\sum_{n=-\infty}^{\infty} x(n)\delta(n-m) = 2\pi x(m) \tag{2.1.4}$$

即

$$x(m) = \frac{1}{2\pi}\int_{-\pi}^{\pi} X(\omega)e^{j\omega m}\,d\omega \tag{2.1.5}$$

式中，m 为整数，将其换成 n 即得式(2.1.2)。

2. 序列傅里叶变换存在的条件

序列 $x(n)$ 傅里叶变换存在的充分必要条件是序列绝对可和，即序列绝对值的和为有限值，用数学表达式表示为

$$\sum_{n=-\infty}^{\infty} \mid x(n) \mid < \infty \tag{2.1.6}$$

2.1.2　序列傅里叶变换的性质

1. 周期性

设 k 为整数，按照序列傅里叶变换的定义式(2.1.1)可得

$$X(\omega + 2k\pi) = \sum_{n=-\infty}^{\infty} x(n) \mathrm{e}^{-\mathrm{j}\omega(n+2k\pi)} = \sum_{n=-\infty}^{\infty} x(n) \mathrm{e}^{-\mathrm{j}\omega n} = X(\omega) \tag{2.1.7}$$

因此，序列的傅里叶变换为周期函数，其周期为 $2k\pi$。分析序列的傅里叶变换时，一般只分析一个周期即可，这个周期一般为 $[-\pi, +\pi)$ 或 $[0, 2\pi)$。

另外，应该指出，式(2.1.1)也是 $X(\omega)$ 的傅里叶级数展开，序列 $x(n)$ 为傅里叶级数的系数。$\omega = 2k\pi$ 对应傅里叶级数的直流分量，$\omega = (2k+1)\pi$ 对应傅里叶级数变化最快的分量。

2. 线性

序列线性组合的傅里叶变换等于各序列傅里叶变换的线性组合，组合的系数相同。这一性质称为序列傅里叶变换的线性性质，可以描述如下：

设 a、b 为常数，且

$$X_1(\omega) = \mathrm{FT}(x_1(n)) \tag{2.1.8}$$

$$X_2(\omega) = \mathrm{FT}(x_2(n)) \tag{2.1.9}$$

则

$$aX_1(\omega) + bX_2(\omega) = \mathrm{FT}(ax_1(n) + bx_2(n)) \tag{2.1.10}$$

3. 时移和频移

设 ω_0 为常数，且

$$X(\omega) = \mathrm{FT}(x(n)) \tag{2.1.11}$$

则

$$\mathrm{FT}(x(n - n_0)) = X(\omega) \mathrm{e}^{-\mathrm{j}\omega n_0} \tag{2.1.12}$$

$$\mathrm{FT}(\mathrm{e}^{\mathrm{j}\omega_0 n} x(n)) = X(\omega - \omega_0) \tag{2.1.13}$$

4. 时域卷积定理

两个离散时间序列卷积的傅里叶变换等于两个离散时间序列各自傅里叶变换的乘积，这一性质称为序列傅里叶变换的时域卷积定理。这一定理用数学语言表述如下：

如果

$$y(n) = x_1(n) * x_2(n) \tag{2.1.14}$$

且

$$X_1(\omega) = \mathrm{FT}(x_1(n)) \tag{2.1.15}$$

$$X_2(\omega) = \mathrm{FT}(x_2(n)) \tag{2.1.16}$$

那么

$$Y(\omega) = X_1(\omega) \cdot X_2(\omega) \tag{2.1.17}$$

证明

$$Y(\omega) = \mathrm{FT}(y(n)) = \mathrm{FT}(x_1(n) * x_2(n)) = \mathrm{FT}\left(\sum_{m=-\infty}^{\infty} x_1(m) x_2(n-m)\right)$$

$$= \sum_{n=-\infty}^{\infty} \Big(\sum_{m=-\infty}^{\infty} x_1(m) x_2(n-m) \Big) \mathrm{e}^{-\mathrm{j}\omega n}$$

令 $k = n - m$，则

$$Y(\omega) = \sum_{k=-\infty}^{\infty} \Big(\sum_{m=-\infty}^{\infty} x_1(m) x_2(k) \Big) \mathrm{e}^{-\mathrm{j}\omega k} \, \mathrm{e}^{-\mathrm{j}\omega m} = \sum_{k=-\infty}^{\infty} x_2(k) \mathrm{e}^{-\mathrm{j}\omega k} \Big(\sum_{m=-\infty}^{\infty} x_1(m) \mathrm{e}^{-\mathrm{j}\omega m} \Big)$$

$$= X_1(\omega) \Big(\sum_{k=-\infty}^{\infty} x_2(k) \mathrm{e}^{-\mathrm{j}\omega k} \Big) = X_1(\omega) X_2(\omega)$$

求解两个序列的卷积时，应用此定理可以在频域求得两个序列卷积的傅里叶变换，再求逆变换得到其时域卷积。

5. 频域卷积定理

两个离散时间序列乘积的傅里叶变换等于两个离散时间序列各自傅里叶变换的频域卷积除以 2π，这一性质称为序列傅里叶变换的频域卷积定理。这一定理用数学语言可以表述如下：

如果

$$y(n) = x_1(n) \cdot x_2(n) \tag{2.1.18}$$

且

$$X_1(\omega) = \mathrm{FT}(x_1(n)) \tag{2.1.19}$$

$$X_2(\omega) = \mathrm{FT}(x_2(n)) \tag{2.1.20}$$

那么

$$Y(\omega) = \frac{1}{2\pi} X_1(\omega) * X_2(\omega) \tag{2.1.21}$$

证明

$$Y(\omega) = \mathrm{FT}(y(n)) = \mathrm{FT}(x_1(n) \cdot x_2(n)) = \sum_{n=-\infty}^{\infty} x_1(n) x_2(n) \mathrm{e}^{-\mathrm{j}\omega n}$$

由于

$$x_2(n) = \mathrm{IFT}(X_2(\omega)) = \frac{1}{2\pi} \int_{-\pi}^{\pi} X_2(\omega) \mathrm{e}^{\mathrm{j}\omega n} \mathrm{d}\omega$$

所以

$$Y(\omega) = \sum_{n=-\infty}^{\infty} x_1(n) x_2(n) \mathrm{e}^{-\mathrm{j}\omega n} = \sum_{n=-\infty}^{\infty} x_1(n) \Big(\frac{1}{2\pi} \int_{-\pi}^{\pi} X_2(\omega') \mathrm{e}^{\mathrm{j}\omega' n} \mathrm{d}\omega' \Big) \mathrm{e}^{-\mathrm{j}\omega n}$$

$$= \frac{1}{2\pi} \int_{-\pi}^{\pi} X_2(\omega') \Big(\sum_{n=-\infty}^{\infty} x_1(n) \mathrm{e}^{-\mathrm{j}(\omega-\omega')n} \Big) \mathrm{d}\omega'$$

$$= \frac{1}{2\pi} \int_{-\pi}^{\pi} X_2(\omega') X_1(\omega-\omega') \mathrm{d}\omega' = \frac{1}{2\pi} X_1(\omega) * X_2(\omega)$$

6. 帕塞瓦尔定理

设

$$X(\omega) = \mathrm{FT}(x(n)) \tag{2.1.22}$$

序列 $x(n)$ 的时域能量定义为

$$E_n = \sum_{n=-\infty}^{\infty} |x(n)|^2 \tag{2.1.23}$$

序列 $x(n)$ 的频域能量定义为

$$E_\omega = \frac{1}{2\pi} \int_{-\pi}^{\pi} |X(\omega)|^2 \mathrm{d}\omega \qquad (2.1.24)$$

则 $E_n = E_\omega$。

证明

$$E_n = \sum_{n=-\infty}^{\infty} |x(n)|^2 = \sum_{n=-\infty}^{\infty} x^*(n) x(n)$$

$$= \sum_{n=-\infty}^{\infty} x^*(n) \frac{1}{2\pi} \int_{-\pi}^{\pi} X(\omega) \mathrm{e}^{\mathrm{j}\omega n} \mathrm{d}\omega$$

$$= \frac{1}{2\pi} \int_{-\pi}^{\pi} X(\omega) \sum_{n=-\infty}^{\infty} x^*(n) \mathrm{e}^{\mathrm{j}\omega n} \mathrm{d}\omega$$

$$= \frac{1}{2\pi} \int_{-\pi}^{\pi} X(\omega) X^*(\omega) \mathrm{d}\omega$$

$$= \frac{1}{2\pi} \int_{-\pi}^{\pi} |X(\omega)|^2 \mathrm{d}\omega = E_\omega$$

帕塞瓦尔定理表明信号的时域总能量和频域总能量相等。

7. 对称性

1) *共轭对称的基本概念和性质*

(1) 共轭对称的定义。

如果序列满足

$$x(n) = x^*(-n) \qquad (2.1.25)$$

则该序列为共轭对称序列。

(2) 共轭对称序列的性质。

共轭对称序列的实部是偶函数,虚部是奇函数。下面对这一结论做简单的推导。

设序列 $x(n)$ 为共轭对称序列,将其表示为

$$x(n) = x_r(n) + \mathrm{j}x_i(n) \qquad (2.1.26)$$

则

$$x(-n) = x_r(-n) + \mathrm{j}x_i(-n) \qquad (2.1.27)$$

所以

$$x^*(-n) = x_r(-n) - \mathrm{j}x_i(-n) \qquad (2.1.28)$$

由于序列为共轭对称序列,满足 $x(n) = x^*(-n)$,比较式(2.1.26)和式(2.1.28),可以得到结论:

$$x_r(n) = x_r(-n) \qquad (2.1.29)$$

$$x_i(n) = -x_i(-n) \qquad (2.1.30)$$

2) *共轭反对称的基本概念和性质*

(1) 共轭反对称的定义。

如果序列满足

$$x(n) = -x^*(-n) \qquad (2.1.31)$$

则该序列为共轭反对称序列。

（2）共轭反对称序列的性质。

共轭反对称序列的实部是奇函数，虚部是偶函数。下面对这一结论做简单的推导。

设序列 $x(n)$ 为共轭反对称序列，将其表示为

$$x(n) = x_r(n) + jx_i(n) \tag{2.1.32}$$

则

$$x(-n) = x_r(-n) + jx_i(-n) \tag{2.1.33}$$

所以

$$x^*(-n) = x_r(-n) - jx_i(-n) \tag{2.1.34}$$

由于序列为共轭反对称序列，满足 $x(n) = -x^*(-n)$，考虑到式（2.1.32）和式（2.1.34），可以得到结论：

$$x_r(n) = -x_r(-n) \tag{2.1.35}$$

$$x_i(n) = x_i(-n) \tag{2.1.36}$$

应该指出，任何函数和序列都可以分解为一个共轭对称项和一个共轭反对称项之和。

3）序列傅里叶变换的对称性

（1）序列实部和虚部傅里叶变换的对称性。

将序列 $x(n)$ 表示成实部和虚部形式为

$$x(n) = x_r(n) + jx_i(n) \tag{2.1.37}$$

设

$$X_r(\omega) = \text{FT}(x_r(n)) \tag{2.1.38}$$

$$X_i(\omega) = \text{FT}(jx_i(n)) \tag{2.1.39}$$

则 $X_r(\omega)$ 具有共轭对称性，$X_i(\omega)$ 具有共轭反对称性。将 $X(\omega)$ 分解为一个共轭对称项 $X_e(\omega)$ 和一个共轭反对称项 $X_o(\omega)$ 之和，则易知

$$X_e(\omega) = X_r(\omega) \tag{2.1.40}$$

$$X_o(\omega) = X_i(\omega) \tag{2.1.41}$$

（2）序列共轭对称部分和共轭反对称部分傅里叶变换的对称性。

将序列 $x(n)$ 分成共轭对称部分 $x_e(n)$ 和共轭反对称部分 $x_o(n)$ 为

$$x(n) = x_e(n) + x_o(n) \tag{2.1.42}$$

式中，

$$x_e(n) = \frac{1}{2}(x(n) + x^*(-n)) \tag{2.1.43}$$

$$x_o(n) = \frac{1}{2}(x(n) - x^*(-n)) \tag{2.1.44}$$

设

$$X(\omega) = \text{FT}(x(n)) \tag{2.1.45}$$

则 $X(\omega)$ 的实部 $\text{Re}(X(\omega))$ 和虚部 $\text{Im}(X(\omega))$ 分别为

$$\text{Re}(X(\omega)) = \frac{1}{2}(X(\omega) + X^*(\omega)) = \text{FT}(x_e(n)) \tag{2.1.46}$$

$$j\text{Im}(X(\omega)) = \frac{1}{2}(X(\omega) - X^*(\omega)) = \text{FT}(x_o(n)) \tag{2.1.47}$$

式中，$\text{Re}(X(\omega))$ 和 $\text{Im}(X(\omega))$ 为 $X(\omega)$ 的实部和虚部。

对序列傅里叶变换的常用性质归纳列举，如表 2.1.1 所示。

表 2.1.1　序列傅里叶变换的常用性质

序列	傅里叶变换	序列	傅里叶变换
$x(n)$	$X(\omega)$	$x^*(n)$	$X^*(-\omega)$
$y(n)$	$Y(\omega)$	$x(-n)$	$X(-\omega)$
$ax(n)+by(n)$	$aX(\omega)+bY(\omega)$	$\mathrm{Re}(x(n))$	$X_\mathrm{e}(\omega)$
$x(n-n_0)$	$\mathrm{e}^{-\mathrm{j}\omega n_0}X(\omega)$	$\mathrm{jIm}(x(n))$	$X_\mathrm{o}(\omega)$
$\mathrm{e}^{\mathrm{j}\omega_0 n}x(n)$	$X(\omega-\omega_0)$	$x_\mathrm{e}(n)$	$\mathrm{Re}(X(\omega))$
$x(n)*y(n)$	$X(\omega)\cdot Y(\omega)$	$x_\mathrm{o}(n)$	$\mathrm{jIm}(X(\omega))$
$x(n)\cdot y(n)$	$\dfrac{1}{2\pi}X(\omega)*Y(\omega)$	$nx(n)$	$\mathrm{j}\left(\dfrac{\mathrm{d}X(\omega)}{\mathrm{d}\omega}\right)$
$\displaystyle\sum_{n=-\infty}^{\infty}\mid x(n)\mid^2$	$\dfrac{1}{2\pi}\displaystyle\int_{-\pi}^{\pi}\mid X(\omega)\mid^2\mathrm{d}\omega$		

2.1.3　序列傅里叶变换和模拟信号傅里叶变换之间的关系

1. 按照序列形成的实际过程推导其傅里叶逆变换

以周期 T 对模拟信号 $x_\mathrm{a}(t)$ 采样，采样信号为 $x_\mathrm{a}(nT)$。设模拟信号 $x_\mathrm{a}(t)$ 的傅里叶逆变换为 $X_\mathrm{a}(\Omega)$，则

$$x_\mathrm{a}(t)=\frac{1}{2\pi}\int_{-\infty}^{\infty}X_\mathrm{a}(\Omega)\mathrm{e}^{\mathrm{j}\Omega t}\mathrm{d}\Omega \tag{2.1.48}$$

令 $t=nT$，考虑到 $\omega=\Omega T$，得

$$x_\mathrm{a}(nT)=\frac{1}{2\pi}\int_{-\infty}^{\infty}X_\mathrm{a}(\Omega)\mathrm{e}^{\mathrm{j}\Omega nT}\mathrm{d}\Omega=\frac{1}{2\pi}\sum_{r=-\infty}^{\infty}\int_{(2r-1)\frac{\pi}{T}}^{(2r+1)\frac{\pi}{T}}X_\mathrm{a}(\Omega)\mathrm{e}^{\mathrm{j}\Omega nT}\mathrm{d}\Omega$$

$$=\frac{1}{2\pi}\sum_{r=-\infty}^{\infty}\int_{(2r-1)\pi}^{(2r+1)\pi}X_\mathrm{a}\left(\frac{\omega}{T}\right)\mathrm{e}^{\mathrm{j}\omega n}\mathrm{d}\frac{\omega}{T}$$

令 $\omega'=\omega-2r\pi$，得

$$x_\mathrm{a}(nT)=\frac{1}{2\pi}\sum_{r=-\infty}^{\infty}\int_{-\pi}^{\pi}X_\mathrm{a}\left(\frac{\omega'+2\pi r}{T}\right)\mathrm{e}^{\mathrm{j}(\omega'+2\pi r)n}\mathrm{d}\frac{\omega'+2\pi r}{T}$$

$$=\frac{1}{2\pi}\sum_{r=-\infty}^{\infty}\int_{-\pi}^{\pi}X_\mathrm{a}\left(\frac{\omega'+2\pi r}{T}\right)\mathrm{e}^{\mathrm{j}\omega'n}\mathrm{d}\frac{\omega'}{T}$$

$$=\frac{1}{2\pi}\int_{-\pi}^{\pi}\frac{1}{T}\sum_{r=-\infty}^{\infty}X_\mathrm{a}\left(\frac{\omega'+2\pi r}{T}\right)\mathrm{e}^{\mathrm{j}\omega'n}\mathrm{d}\omega'$$

令 $\omega=\omega'$，得

$$x_\mathrm{a}(nT)=\frac{1}{2\pi}\int_{-\pi}^{\pi}\frac{1}{T}\sum_{r=-\infty}^{\infty}X_\mathrm{a}\left(\frac{\omega+2\pi r}{T}\right)\mathrm{e}^{\mathrm{j}\omega n}\mathrm{d}\omega \tag{2.1.49}$$

2. 按照序列傅里叶变换的定义推导其傅里叶逆变换

设序列 $x(n)$ 的傅里叶变换为 $X(\omega)$，则有

$$x(n) = \text{IFT}(X(\omega)) = \frac{1}{2\pi}\int_{-\pi}^{\pi} X(\omega) e^{j\omega n}\,d\omega \tag{2.1.50}$$

3. 序列傅里叶变换和模拟信号傅里叶变换之间的关系介绍

由于 $x_a(nT)$ 即为序列 $x(n)$，即

$$x(n) = x_a(nT) \tag{2.1.51}$$

由式(2.1.49)～式(2.1.51)，得

$$\int_{-\infty}^{\infty} X(\omega) e^{j\omega n}\,d\omega = \int_{-\pi}^{\pi} \frac{1}{T}\sum_{r=-\infty}^{\infty} X_a\left(\frac{\omega+2\pi r}{T}\right) e^{j\omega n}\,d\omega \tag{2.1.52}$$

因此

$$X(\omega) = \frac{1}{T}\sum_{r=-\infty}^{\infty} X_a\left(\frac{\omega+2\pi r}{T}\right) \tag{2.1.53}$$

式(2.1.53)表明，当 $\Omega = \dfrac{\omega}{T}$ 时，序列的傅里叶变换是模拟信号傅里叶变换的周期性拓展，周期为 $\Omega_s = 2\pi/T$。此性质和采样信号的频谱与被采样模拟信号的频谱的关系相同。

为方便使用，实际中经常采用归一化频率，令 $f' = f/f_s$，$\Omega' = \Omega/\Omega_s$，$\omega' = \omega/(2\pi)$ 即可实现归一化。

2.2 周期序列的离散傅里叶级数及傅里叶变换

2.2.1 周期序列的离散傅里叶级数

设序列 $x(n)$ 是以 N 为周期的周期序列，则序列可以展开为傅里叶级数如下：

$$x(n) = \sum_{k=-\infty}^{\infty} a_k e^{j\frac{2\pi}{N}kn} \tag{2.2.1}$$

为求出傅里叶级数的系数 a_k，在式(2.2.1)等号两边同乘以 $e^{-j\frac{2\pi}{N}mn}$，得

$$x(n) e^{-j\frac{2\pi}{N}mn} = \sum_{k=-\infty}^{\infty} a_k e^{j\frac{2\pi}{N}(k-m)n} \tag{2.2.2}$$

式(2.2.2)等号两边对 n 在一个周期区间求和，得

$$\sum_{n=0}^{N-1} x(n) e^{-j\frac{2\pi}{N}mn} = \sum_{n=0}^{N-1}\left(\sum_{k=-\infty}^{\infty} a_k e^{j\frac{2\pi}{N}(k-m)n}\right) = \sum_{k=-\infty}^{\infty} a_k \sum_{n=0}^{N-1} e^{j\frac{2\pi}{N}(k-m)n} \tag{2.2.3}$$

因为

$$\sum_{n=0}^{N-1} e^{j\frac{2\pi}{N}(k-m)n} = \begin{cases} N, & k=m \\ 0, & k\neq m \end{cases} \tag{2.2.4}$$

所以由式(2.2.3)，得

$$\sum_{n=0}^{N-1} x(n) e^{-j\frac{2\pi}{N}kn} = Na_k \tag{2.2.5}$$

令 $X(k) = Na_k$，得

$$X(k) = \sum_{n=0}^{N-1} x(n) e^{-j\frac{2\pi}{N}kn} \tag{2.2.6}$$

将 $X(k)$ 称为序列 $x(n)$ 的离散傅里叶级数系数，记作

$$X(k) = \mathrm{DFS}(x(n)) = \sum_{n=0}^{N-1} x(n) \mathrm{e}^{-\mathrm{j}\frac{2\pi}{N}kn} \tag{2.2.7}$$

容易验证 $X(k+N) = X(k)$，因此序列 $X(k)$ 是以 N 为周期的周期序列。

如果式(2.2.6)成立，是否可以由 $X(k)$ 推导出 $X(n)$ 的表达式？答案是肯定的。对式(2.2.6)等号两边同乘以 $\mathrm{e}^{\mathrm{j}\frac{2\pi}{N}kl}$，并对 k 在一个周期区间求和，得

$$\sum_{k=0}^{N-1} X(k) \mathrm{e}^{\mathrm{j}\frac{2\pi}{N}kl} = \sum_{k=0}^{N-1} \Big(\sum_{n=0}^{N-1} x(n) \mathrm{e}^{-\mathrm{j}\frac{2\pi}{N}kn} \Big) \mathrm{e}^{\mathrm{j}\frac{2\pi}{N}kl} = \sum_{n=0}^{N-1} x(n) \sum_{k=0}^{N-1} \mathrm{e}^{\mathrm{j}\frac{2\pi}{N}(l-n)k} \tag{2.2.8}$$

与式(2.2.4)同样的道理，得

$$x(n) = \frac{1}{N} \sum_{k=0}^{N-1} X(k) \mathrm{e}^{\mathrm{j}\frac{2\pi}{N}kn} \tag{2.2.9}$$

将式(2.2.9)称为序列 $X(k)$ 的离散傅里叶级数逆展开式，记作

$$x(n) = \mathrm{IDFS}(X(k)) = \frac{1}{N} \sum_{k=0}^{N-1} X(k) \mathrm{e}^{\mathrm{j}\frac{2\pi}{N}kn} \tag{2.2.10}$$

应该指出，在式(2.2.7)和式(2.2.10)中，基波频率为 $\omega_0 = \dfrac{2\pi}{N}$，其他谐波的频率是基波频率的整数倍。

2.2.2　周期序列的傅里叶变换

因为周期序列不满足绝对可和的条件，所以按式(2.1.1)定义的序列的傅里叶变换是不存在的。但利用周期序列的傅里叶级数展开和冲激函数，仍然可以对周期序列进行傅里叶变换。具体方法为：首先将周期序列展开为傅里叶级数，然后将傅里叶级数进行傅里叶变换。

1. 函数 $X(\omega) = \sum\limits_{r=-\infty}^{\infty} 2\pi\delta(\omega - \omega_0 - 2\pi r)$ 的傅里叶逆变换

函数 $X(\omega) = \sum\limits_{r=-\infty}^{\infty} 2\pi\delta(\omega - \omega_0 - 2\pi r)$ 的傅里叶逆变换为

$$
\begin{aligned}
x(n) = \mathrm{IFT}(X(\omega)) &= \frac{1}{2\pi} \int_{-\pi}^{\pi} \Big(\sum_{r=-\infty}^{\infty} 2\pi\delta(\omega - \omega_0 - 2\pi r) \Big) \mathrm{e}^{\mathrm{j}\omega n} \mathrm{d}\omega \\
&= \int_{-\pi}^{\pi} \sum_{r=-\infty}^{\infty} \delta(\omega - \omega_0 - 2\pi r) \mathrm{e}^{\mathrm{j}\omega n} \mathrm{d}\omega \\
&= \int_{-\pi}^{\pi} \sum_{r=-\infty}^{\infty} \delta(\omega - \omega_0 - 2\pi r) \mathrm{e}^{\mathrm{j}(\omega_0 + 2\pi r)n} \mathrm{d}\omega \\
&= \int_{-\pi}^{\pi} \delta(\omega - \omega_0) \mathrm{e}^{\mathrm{j}\omega_0 n} \mathrm{d}\omega = \mathrm{e}^{\mathrm{j}\omega_0 n} \int_{-\pi}^{\pi} \delta(\omega - \omega_0) \mathrm{d}\omega = \mathrm{e}^{\mathrm{j}\omega_0 n}
\end{aligned} \tag{2.2.11}
$$

因此

$$\mathrm{FT}(\mathrm{e}^{\mathrm{j}\omega_0 n}) = 2\pi \sum_{r=-\infty}^{\infty} \delta(\omega - \omega_0 - 2\pi r) \tag{2.2.12}$$

2. 周期序列的傅里叶变换

先将周期序列展开为傅里叶级数，然后将傅里叶级数进行傅里叶变换。

对于周期为 N 的周期序列 $x(n)$，可以按式(2.2.10)展开为傅里叶级数，得

$$x(n) = \frac{1}{N}\sum_{k=0}^{N-1}X(k)\mathrm{e}^{\mathrm{j}\frac{2\pi}{N}kn} \qquad (2.2.13)$$

式中，$X(k) = \sum_{n=0}^{N-1}x(n)\mathrm{e}^{-\mathrm{j}\frac{2\pi}{N}kn}$。因此 $x(n)$ 的傅里叶变换 $X(\omega)$ 为

$$\begin{aligned}
X(\omega) &= \mathrm{FT}(x(n)) = \mathrm{FT}\Big(\frac{1}{N}\sum_{k=0}^{N-1}X(k)\mathrm{e}^{\mathrm{j}\frac{2\pi}{N}kn}\Big)\\
&= \frac{1}{N}\sum_{k=0}^{N-1}X(k)\mathrm{FT}(\mathrm{e}^{\mathrm{j}\frac{2\pi}{N}kn})\\
&= \frac{2\pi}{N}\sum_{k=0}^{N-1}X(k)\sum_{r=-\infty}^{\infty}\delta\Big(\omega - \frac{2\pi}{N}k - 2\pi r\Big)\\
&= \frac{2\pi}{N}\sum_{k=-\infty}^{\infty}X(k)\delta\Big(\omega - \frac{2\pi}{N}k\Big) \qquad (2.2.14)
\end{aligned}$$

2.3　序列的 z 变换

2.3.1　序列的 z 变换的定义

序列的 z 变换是序列傅里叶变换的推广，相当于连续时间信号拉普拉斯变换对连续时间信号傅里叶变换的推广。序列的傅里叶变换要求序列在区间 $(-\infty,\infty)$ 上绝对可和，不满足这一条件的序列的傅里叶变换不存在，序列的 z 变换正是为了解决这一问题而提出的。傅里叶变换不存在的序列可以用 z 变换进行复频域分析。

1. 序列的 z 变换的定义介绍

设 z 为一复变量，则序列 $x(n)$ 的 z 变换定义为

$$X(z) = \mathrm{ZT}(x(n)) = \sum_{n=-\infty}^{\infty}x(n)z^{-n} \qquad (2.3.1)$$

式中，$\mathrm{ZT}(\,\cdot\,)$ 表示对序列进行 z 变换，$X(z)$ 常称为序列 $x(n)$ 的象函数。由于式 $(2.3.1)$ 中 n 的取值区间为 $(-\infty,\infty)$，所以式 $(2.3.1)$ 也常被称为双边 z 变换。当 n 的取值区间为 $[0,\infty)$ 时，式 $(2.3.1)$ 称为单边 z 变换。对于常见的因果序列 $x(n)\varepsilon(n)$，当 $n<0$ 时，$x(n)=0$，其双边 z 变换和单边 z 变换是相同的。

本书中的 z 变换，如果不特殊说明，均指双边 z 变换。

2. 序列的 z 变换存在的条件

显然，式 $(2.3.1)$ 定义的 z 变换实际是一个无穷级数 $x(n)z^{-n}$ 的求和问题，因此序列 $x(n)$ 的 z 变换存在的条件是无穷级数 $x(n)z^{-n}$ 绝对可和，即

$$\sum_{n=-\infty}^{\infty}|x(n)z^{-n}| < \infty \qquad (2.3.2)$$

使式 $(2.3.2)$ 成立的复变量 z 的取值范围称为收敛域。

令复变量 $z = r\mathrm{e}^{\mathrm{j}\theta}$，其中 r 为复变量 z 的模，即 $r=|z|$，θ 为复变量 z 的幅角，即 $\theta = \arg(z)$。将 $z = r\mathrm{e}^{\mathrm{j}\theta}$ 代入式 $(2.3.2)$ 并简化，得

$$\sum_{n=-\infty}^{\infty} | x(n) | r^{-n} < \infty \tag{2.3.3}$$

只要复变量 z 的模 r 满足式(2.3.3)，则序列的 z 变换必存在。显然，r 的取值范围在复平面上为一环状区域，因此收敛域可表示为

$$R_- < | z | < R_+ \tag{2.3.4}$$

式中，R_- 和 R_+ 称为收敛半径，其取值范围为 $[0, \infty)$。

3. 序列的 z 变换和傅里叶变换的关系

如果单位圆在 z 变换的收敛域内，则

$$X(\omega) = X(z)|_{z=e^{j\omega}} \tag{2.3.5}$$

即单位圆上的 z 变换就是序列的傅里叶变换。

如果序列 $x(n)$ 不满足傅里叶变换存在的条件，则序列 $x(n)$ 的傅里叶变换不存在。令

$$y(n) = x(n)r^{-n} \tag{2.3.6}$$

只要序列 $y(n)$ 满足式 (2.3.3)，则序列 $y(n)$ 绝对可和，因此其傅里叶变换必存在，其傅里叶变换为

$$Y(\omega) = \sum_{n=-\infty}^{\infty} y(n)e^{-j\omega n} = \sum_{n=-\infty}^{\infty} x(n)r^{-n}e^{-j\omega n} = \sum_{n=-\infty}^{\infty} x(n)(re^{j\omega})^{-n} \tag{2.3.7}$$

令 $z = re^{j\theta}, \theta = \omega$，则式(2.3.7)变为

$$Y(\omega) = \sum_{n=-\infty}^{\infty} x(n)z^{-n} \tag{2.3.8}$$

这正是序列 $x(n)$ 的 z 变换，即 z 变换是序列 $x(n)$ 和加权因子 r^{-n} 乘积的傅里叶变换。

4. 序列 z 变换的极点和零点

常见的 z 变换是一个有理函数，可以表示为两个多项式的比值，即

$$X(z) = \frac{P(z)}{Q(z)}$$

使 $P(z) = 0$ 的 z 点称为零点，使 $Q(z) = 0$ 的 z 点称为极点。因为在极点处 $X(z)$ 不存在，所以极点定义了收敛域的边界。

例 2.3.1　求序列 $x(n) = \frac{1}{2}\varepsilon(n)$ 的 z 变换。

解　$X(z) = ZT(x(n)) = \sum\limits_{n=-\infty}^{\infty} x(n)z^{-n} = \sum\limits_{n=-\infty}^{\infty} \frac{1}{2}\varepsilon(n)z^{-n} = \frac{1}{2}\sum\limits_{n=0}^{\infty} z^{-n}$

因为无穷级数 $\sum\limits_{n=0}^{\infty} z^{-n}$ 收敛的条件是 $| z | < 1$，所以 $X(z)$ 的收敛域为 $| z | < 1$，此时

$$X(z) = \frac{1}{2}\sum_{n=0}^{\infty} z^{-n} = \frac{1}{2(1-z)}, | z | < 1$$

2.3.2　z 变换的收敛域

序列 z 变换的收敛域由极点确定，不同序列 z 变换的极点分布不同，其收敛域也不同。序列的特性对其 z 变换的极点分布有重要影响，因而对序列 z 变换的收敛域也有重要影响。

1. 有限长序列

如果当 $n_1 \leqslant n \leqslant n_2$ 时序列 $x(n)$ 不全为零，而当 $n_2 < n$ 或 $n < n_1$ 时序列 $x(n)$ 全为零，那么序列 $x(n)$ 为有限长序列，其 z 变换为

$$X(z) = \sum_{n=n_1}^{n=n_2} x(n)z^{-n} \tag{2.3.9}$$

显然，除了 z^{-n} 的极点外，有限长级数 $x(n)z^{-n}$ 绝对可和，$X(z)$ 必收敛。如果 $n_1 < 0$，则 z^{-n} 有一个极点为 ∞；如果 $n_2 > 0$，则 z^{-n} 有一个极点为 0。因此，$X(z)$ 的收敛域可归纳如下：

当 $n_2 \leqslant 0$ 时，$0 \leqslant |z| < \infty$

当 $n_1 \geqslant 0$ 时，$0 < |z| \leqslant \infty$

当 $n_1 < 0, n_2 > 0$ 时，$0 < |z| < \infty$

例 2.3.2 求序列 $x(n) = R_3(n)$ 的 z 变换及其收敛域。

解 $$X(z) = \sum_{n=0}^{2} R_3(n)z^{-n} = \sum_{n=0}^{2} z^{-n} = 1 + z^{-1} + z^{-2}$$

其收敛域为 $0 < |z| \leqslant \infty$。

2. 右序列

如果当 $n_1 \leqslant n$ 时序列 $x(n)$ 不全为零，而当 $n < n_1$ 时序列 $x(n)$ 全为零，那么序列 $x(n)$ 为右序列，其 z 变换为

$$X(z) = \sum_{n=n_1}^{\infty} x(n)z^{-n} \tag{2.3.10}$$

例 2.3.3 求序列 $x(n) = \varepsilon(n)$ 的 z 变换及其收敛域。

解 $$X(z) = \sum_{n=0}^{\infty} \varepsilon(n)z^{-n} = \sum_{n=0}^{\infty} z^{-n} = \frac{1}{1-z^{-1}}$$

其收敛域为 $|z| > 1$，如图 2.3.1(a) 所示。

3. 左序列

如果当 $n \leqslant n_2$ 时序列 $x(n)$ 不全为零，而当 $n > n_2$ 时序列 $x(n)$ 全为零，那么序列 $x(n)$ 为左序列，其 z 变换为

$$X(z) = \sum_{n=-\infty}^{n_2} x(n)z^{-n} \tag{2.3.11}$$

例 2.3.4 求反因果序列 $x(n) = -\varepsilon(-n-1)$ 的 z 变换及其收敛域。

解 $$X(z) = -\sum_{n=-\infty}^{-1} \varepsilon(-n-1)z^{-n} = -\sum_{n=-\infty}^{-1} z^{-n} = -\sum_{n=1}^{\infty} z^{n} = -\frac{z}{1-z}$$

其收敛域为 $|z| < 1$，如图 2.3.1(b)所示。

4. 双边序列

一个双边序列 $x(n)$ 可以看作一个左序列 $x_1(n)$ 和一个右序列 $x_2(n)$ 的和，设 $x(n)$、$x_1(n)$、$x_2(n)$ 的 z 变换依次为 $X(z)$、$X_1(z)$、$X_2(z)$，则

$$X(z) = ZT(x(n)) = ZT(x_1(n) + x_2(n))$$
$$= ZT(x_1(n)) + ZT(x_2(n)) = X_1(z) + X_2(z) \tag{2.3.12}$$

例 2.3.5 求非因果序列 $x(n) = a^{-n}\varepsilon(-n-1) + a^n\varepsilon(n)$ 的 z 变换及其收敛域。

解　$X(z) = \sum_{n=-\infty}^{-1} \varepsilon(-n-1)(az)^{-n} + \sum_{n=0}^{\infty} \varepsilon(n)(a^{-1}z)^{-n} = \sum_{n=1}^{\infty} (az)^n + \sum_{n=0}^{\infty} (a^{-1}z)^{-n}$

$$= \frac{az}{1-az} + \frac{1}{1-az^{-1}}$$

其收敛域为 $|a| < |z| < |a|^{-1}$。显然，当 $|a| < 1$ 时，收敛域为一圆环；当 $|a| \geqslant 1$ 时，收敛域不存在。$|a| < 1$ 时的收敛域如图 2.3.1(c)所示。

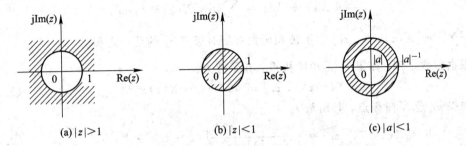

图 2.3.1　阴影部分为收敛域

可以看到，例 2.3.3 中的右序列和例 2.3.4 中的左序列的象函数相同，但收敛域不同。因此，序列的 z 变换一定包括象函数和收敛域两部分。只包含象函数的序列 z 变换是没有意义的。上面的例子也说明，序列 z 变换的收敛域是以其极点界定的。

2.3.3　逆 z 变换

1. 逆 z 变换的定义

已知函数 $X(z)$ 和其收敛域，假设收敛域内的 $X(z)$ 为时域序列 $x(n)$ 的 z 变换，由 $X(z)$ 和其收敛域求解序列 $x(n)$ 的过程称为逆 z 变换。

由于

$$X(z) = \sum_{n=-\infty}^{\infty} x(n)z^{-n} \tag{2.3.13}$$

对式(2.3.13)等号两边同乘 $\frac{1}{2\pi \mathrm{j}} z^{m-1}$，并在收敛域内的闭合曲线 c 上积分得

$$\frac{1}{2\pi \mathrm{j}} \oint_c X(z) z^{m-1} \mathrm{d}z = \sum_{n=-\infty}^{\infty} x(n) \left(\frac{1}{2\pi \mathrm{j}} \oint_c z^{m-n-1} \mathrm{d}z \right) \tag{2.3.14}$$

根据留数定理，有

$$\frac{1}{2\pi \mathrm{j}} \oint_c z^{m-n-1} \mathrm{d}z = \sum_k \mathrm{Res}[z^{m-n-1}, z_k] \tag{2.3.15}$$

式中，$\sum_k \mathrm{Res}[z^{m-n-1}, z_k]$ 表示被积函数 z^{m-n-1} 在所有极点 z_k 的留数之和。显然，对于被积函数 z^{m-n-1}，当 $m-n-1 \geqslant 0$ 时，在闭曲线 c 内无极点，其留数为 0；而当 $m-n-1 < -1$ 时，在闭曲线 c 内只有一个多重极点 $z_k = 0$，其留数也为 0；只有当 $m=n$ 时，在闭曲线 c 内只有一个单阶极点 $z_k = 0$，其留数为 1，因此得

$$x(n) = \frac{1}{2\pi \mathrm{j}} \oint_c X(z) z^{n-1} \mathrm{d}z \tag{2.3.16}$$

式(2.3.16)就是逆 z 变换的计算式。

2. 逆 z 变换的方法

求逆 z 变换的常用方法有三种，依次为反演积分法（也叫留数法）、幂级数展开法和部分分式展开法。

1）求逆 z 变换的留数法

用留数定理按式(2.3.16)计算序列 $x(n)$ 的方法称为留数法。根据留数定理，有

$$\frac{1}{2\pi j}\oint_c X(z)z^{n-1}\mathrm{d}z = \sum_k \mathrm{Res}[X(z)z^{n-1}, z_k] \tag{2.3.17}$$

式中，$\sum_k \mathrm{Res}[X(z)z^{n-1}, z_k]$ 表示被积函数在所有极点 z_k 的留数之和。

根据留数定理，如果 z_k 是单阶极点，其留数为

$$\mathrm{Res}[X(z)z^{n-1}, z_k] = (z-z_k)\cdot X(z)z^{n-1}|_{z=z_k} \tag{2.3.18}$$

如果 z_k 是 N 阶极点，其留数为

$$\mathrm{Res}[X(z)z^{n-1}, z_k] = \frac{1}{(N-1)!}\frac{\mathrm{d}^{N-1}}{\mathrm{d}z^{N-1}}[(z-z_k)^N\cdot X(z)z^{n-1}]|_{z=z_k} \tag{2.3.19}$$

2）求逆 z 变换的幂级数展开法

幂级数展开法也叫长除法。用长除法将 $X(z)$ 展开成幂级数的形式，再和 z 变换的定义式(2.3.1)等号右边对比，即可得到序列 $x(n)$。

例 2.3.6　已知 $X(z) = \dfrac{1}{1-az^{-1}}(a>0)$，当 $|z|>a$ 和 $|z|<a$ 时分别求逆 z 变换 $x(n)$。

解　当 $|z|>a$ 时，$x(n)$ 应该为右序列，用长除法将 $X(z)$ 展开成负幂级数为

$$\require{enclose}\begin{array}{r}1+az^{-1}+a^2z^{-2}+\cdots\\[-2pt]1-az^{-1}\enclose{longdiv}{1}\\\underline{1-az^{-1}}\\az^{-1}\\\underline{az^{-1}-a^2z^{-2}}\\a^2z^{-2}\\\cdots\end{array}$$

$$X(z) = 1 + az^{-1} + a^2z^{-2} + a^3z^{-3} + \cdots = \sum_{n=0}^{\infty}a^nz^{-n}$$

因此当 $|z|>a$ 时，$x(n) = a^n\varepsilon(n)$。当 $|z|<a$ 时，$x(n)$ 应该为左序列，用长除法将 $X(z)$ 展开成正幂级数为

$$\begin{array}{r}-a^{-1}z-a^{-2}z^2-a^{-3}z^3-\cdots\\[-2pt]-az^{-1}+1\enclose{longdiv}{1}\\\underline{1-a^{-1}z}\\a^{-1}z\\\underline{a^{-1}z-a^{-2}z^2}\\a^{-2}z^2\\\cdots\end{array}$$

$$X(z) = -a^{-1}z - a^{-2}z^2 - a^{-3}z^3 - \cdots = -\sum_{n=-\infty}^{-1}a^nz^{-n}$$

因此当 $|z| < a$ 时，$x(n) = -a^n \varepsilon(-n-1)$。

利用幂级数展开法能有效地求出 $x(n)$ 的值，但一般找不到 $x(n)$ 的解析式，除非一些简单的情况可以看出解析式，如例 2.3.6 中 $x(n)$ 的解析式比较简单，很容易找到，否则，利用该方法找不到 $x(n)$ 的解析式。

3) 求逆 z 变换的部分分式展开法

如果 $X(z)$ 可以表示为有理分式，则可以用部分分式展开法将 $\dfrac{X(z)}{z}$ 展开为以单个极点的简单多项式为分母，以常数为分子的部分分式之和，然后用查表法查出部分分式对应的序列。$X(z)$ 对应的序列就是部分分式对应的序列的线性组合，其线性组合关系和部分分式组合成 $\dfrac{X(z)}{z}$ 的法则一致。

(1) $X(z)$ 的极点均为一阶极点。

设 $X(z)$ 的极点均为一阶极点且不为 0，依次为 z_1，z_2，$\cdots$，z_M，则 $\dfrac{X(z)}{z}$ 可以展开为

$$\frac{X(z)}{z} = \frac{B_0}{z} + \frac{B_1}{z - z_1} + \frac{B_2}{z - z_2} + \cdots + \frac{B_M}{z - z_M} = \sum_{k=0}^{M} \frac{B_k}{z - z_k} \tag{2.3.20}$$

式中，$z_0 = 0$，B_k 为待求常数，计算公式为

$$B_k = (z - z_k) \frac{X(z)}{z} \bigg|_{z = z_k} \tag{2.3.21}$$

求出常数 B_k 后代入式(2.3.20)，可得

$$X(z) = \sum_{k=0}^{M} \frac{B_k z}{z - z_k} \tag{2.3.22}$$

再用查表法和观察法得到 1 和 $\dfrac{z}{z - z_k}$ 对应的序列为

$$\delta(n) \leftrightarrow 1$$

$$z_k^n \varepsilon(n) \leftrightarrow \frac{z}{z - z_k}, \quad |z| > |z_k|$$

$$-z_k^n \varepsilon(-n-1) \leftrightarrow \frac{z}{z - z_k}, \quad |z| < |z_k|$$

(2) $X(z)$ 有重极点。

设 $X(z)$ 的极点 z_1 为 r 重极点且不为 0，其余的极点均为一阶极点，则 $\dfrac{X(z)}{z}$ 可以展开为

$$\frac{X(z)}{z} = \frac{X_1(z)}{z} + \frac{X_2(z)}{z} \tag{2.3.23}$$

式中，$\dfrac{X_2(z)}{z}$ 可以展开为一阶极点的部分分式和的形式，而

$$\frac{X_1(z)}{z} = \frac{B_{1r}}{(z - z_1)^r} + \frac{B_{1(r-1)}}{(z - z_1)^{r-1}} + \cdots + \frac{B_{11}}{z - z_1} \tag{2.3.24}$$

式中，常数 B_{1i} 的计算公式为

$$B_{1i} = \frac{1}{(i-1)!} \frac{\mathrm{d}}{\mathrm{d}z^{i-1}} \left[(z - z_1)^r \frac{X(z)}{z} \right] \bigg|_{z = z_1} \tag{2.3.25}$$

再用查表法和观察法得到 $\dfrac{B_{1i}}{(z-z_1)^i}$ 对应的序列为

$$\frac{n(n-1)\cdots(n-m+1)}{m!}z_1^{n-m}\varepsilon(n)\leftrightarrow\frac{z}{(z-z_1)^{m+1}},\ m\geqslant1,\ |z|>|z_k|$$

$$\frac{-n(n-1)\cdots(n-m+1)}{m!}z_1^{n-m}\varepsilon(-n-1)\leftrightarrow\frac{z}{(z-z_1)^{m+1}},\ m\geqslant1,\ |z|<|z_k|$$

2.3.4　z 变换的性质和定理

和傅里叶变换一样,熟练掌握 z 变换的性质和定理可以简化 z 变换和逆 z 变换的计算过程。本节介绍常见的 z 变换的性质和定理。

1. 线性性质

设

$$X_1(z)=ZT(x_1(n)),\ z\in U_1$$
$$X_2(z)=ZT(x_2(n)),\ z\in U_2$$

如果

$$x(n)=ax_1(n)+bx_2(n)$$

则

$$X(z)=ZT(x(n))=aX_1(z)+bX_2(z),\ z\in U_1\bigcap U_2 \qquad (2.3.26)$$

如果 U_1 和 U_2 的交集为空集,则 $X(z)$ 不存在。

2. 移位性质

设

$$ZT(x(n))=X(z),\quad R_-<|z|<R_+$$

则

$$ZT(x(n-n_0))=z^{-n_0}X(z),\quad R_-<|z|<R_+ \qquad (2.3.27)$$

3. 和指数序列相乘

设

$$ZT(x_1(n))=X_1(z),\quad R_-<|z|<R_+$$
$$x(n)=a^nx_1(n)$$

则

$$X(z)=ZT(x(n))=X_1(a^{-1}z),\quad |a|R_-<|z|<|a|R_+ \qquad (2.3.28)$$

证明　$X(z)=ZT(a^nx_1(n))=\displaystyle\sum_{n=-\infty}^{\infty}a^nx_1(n)z^{-n}=\sum_{n=-\infty}^{\infty}x_1(n)(a^{-1}z)^{-n}=X_1(a^{-1}z)$

其收敛域为 $R_-<|a^{-1}z|<R_+$,即 $|a|R_-<|z|<|a|R_+$。

4. n 和序列相乘

设

$$ZT(x(n))=X(z),\quad R_-<|z|<R_+$$

则

$$ZT(nx(n))=-z\frac{\mathrm{d}X(z)}{\mathrm{d}z},\quad R_-<|z|<R_+ \qquad (2.3.29)$$

证明
$$\frac{\mathrm{d}X(z)}{\mathrm{d}z} = \frac{\mathrm{d}}{\mathrm{d}z}\Big(\sum_{n=-\infty}^{\infty} x(n)z^{-n}\Big) = \sum_{n=-\infty}^{\infty} x(n)\frac{\mathrm{d}}{\mathrm{d}z}(z^{-n})$$

$$= -\sum_{n=-\infty}^{\infty} nx(n)z^{-n-1} = -z^{-1}\sum_{n=-\infty}^{\infty} nx(n)z^{-n} = -z^{-1}\mathrm{ZT}(nx(n))$$

因此

$$\mathrm{ZT}(nx(n)) = -z\frac{\mathrm{d}X(z)}{\mathrm{d}z}$$

5. 共轭性质

设
$$\mathrm{ZT}(x(n)) = X(z), \; R_- < |z| < R_+$$

则
$$\mathrm{ZT}(x^*(n)) = X^*(z^*), \; R_- < |z| < R_+ \tag{2.3.30}$$

证明　$\mathrm{ZT}(x^*(n)) = \sum_{n=-\infty}^{\infty} x^*(n)z^{-n}, \; X^*(z^*) = \Big(\sum_{n=-\infty}^{\infty} x(n)(z^*)^{-n}\Big)^* = \sum_{n=-\infty}^{\infty} x^*(n)z^{-n}$

因此

$$\mathrm{ZT}(x^*(n)) = X^*(z^*)$$

6. 初值定理

设序列 $x(n)$ 为因果序列，并且满足 $X(z) = \mathrm{ZT}(x(n))$，则
$$x(0) = \lim_{z \to \infty} X(z) \tag{2.3.31}$$

证明　考虑到序列 $x(n)$ 为因果序列，则

$$X(z) = \mathrm{ZT}(x(n)) = \sum_{n=0}^{\infty} x(n)z^{-n} = x(0) + \sum_{n=1}^{\infty} x(n)z^{-n}$$

因此

$$\lim_{z \to \infty} X(z) = x(0) + \sum_{n=1}^{\infty} x(n)\lim_{z \to \infty} z^{-n} = x(0)$$

即

$$x(0) = \lim_{z \to \infty} X(z)$$

7. 终值定理

设序列 $x(n)$ 为因果序列，满足 $X(z) = \mathrm{ZT}(x(n))$，如果 $X(z)$ 有一个一阶极点为 $z = 1$，其余极点均在单位圆内，则
$$\lim_{n \to \infty} x(n) = \lim_{z \to 1}(z-1)X(z) \tag{2.3.32}$$

证明　令 $y(n) = x(n) - x(n-1)$，考虑到 $x(n)$ 为因果序列，$x(-1) = 0$，则

$$\lim_{n \to \infty} x(n) = \sum_{n=0}^{\infty} y(n)$$

另一方面

$$Y(z) = \mathrm{ZT}(y(n)) = \mathrm{ZT}(x(n) - x(n-1)) = \frac{z-1}{z}X(z)$$

则

$$(z-1)X(z) = zY(z) = z\Big(\sum_{n=0}^{\infty} y(n)z^{-n}\Big) = \sum_{n=0}^{\infty} y(n)z^{-n+1}$$

因此

$$\lim_{z \to \infty}(z-1)X(z) = \lim_{z \to 1}\sum_{n=0}^{\infty}y(n)z^{-n+1} = \sum_{n=0}^{\infty}y(n) = \lim_{n \to \infty}x(n)$$

即

$$\lim_{n \to \infty}x(n) = \lim_{z \to 1}(z-1)X(z)$$

8. 序列卷积性质

设

$$X_1(z) = ZT(x_1(n)),\ z \in U_1$$
$$X_2(z) = ZT(x_2(n)),\ z \in U_2$$

如果

$$x(n) = x_1(n) * x_2(n)$$

则

$$X(z) = ZT(x(n)) = X_1(z)X_2(z),\ z \in U_1 \bigcap U_2 \tag{2.3.33}$$

如果 U_1 和 U_2 的交集为空集，则 $X(z)$ 不存在。

证明
$$X(z) = ZT(x(n)) = ZT(x_1(n) * x_2(n))$$

$$= \sum_{n=-\infty}^{\infty}\Big(\sum_{m=-\infty}^{\infty}x_1(m)x_2(n-m)\Big)z^{-n}$$

$$= \sum_{m=-\infty}^{\infty}x_1(m)\Big(\sum_{n=-\infty}^{\infty}x_2(n-m)z^{-n}\Big)$$

令 $k = n-m$，则

$$X(z) = \sum_{m=-\infty}^{\infty}x_1(m)\Big(\sum_{k=-\infty}^{\infty}x_2(k)z^{-k-m}\Big)$$

$$= \sum_{m=-\infty}^{\infty}x_1(m)z^{-m}\Big(\sum_{k=-\infty}^{\infty}x_2(k)z^{-k}\Big)$$

$$= \sum_{m=-\infty}^{\infty}x_1(m)z^{-m}X_2(z) = X_1(z)X_2(z)$$

9. z 域卷积定理

设

$$X_1(z) = ZT(x_1(n)),\ |z| \in (R_{1-},\ R_{1+})$$
$$X_2(z) = ZT(x_2(n)),\ |z| \in (R_{2-},\ R_{2+})$$

如果

$$x(n) = x_1(n)x_2(n)$$

则

$$X(z) = ZT(x(n)) = \frac{1}{2\pi j}\oint_c X_1(v)X_2\Big(\frac{z}{v}\Big)\frac{\mathrm{d}v}{v},\ |z| \in (R_{1-}R_{2-},\ R_{1+}R_{2+})$$

$$\tag{2.3.34}$$

式中：

$$\max\Big(R_{1-},\ \frac{|z|}{R_{2+}}\Big) < |v| < \min\Big(R_{1+},\ \frac{|z|}{R_{2-}}\Big)$$

证明 $X(z) = ZT(x(n)) = \sum_{n=-\infty}^{\infty} x_1(n)x_2(n)z^{-n} = \sum_{n=-\infty}^{\infty} \left(\frac{1}{2\pi j} \oint_c X_1(v)v^{n-1}\mathrm{d}v \right) x_2(n)z^{-n}$

$$= \frac{1}{2\pi j} \oint_c X_1(v) \left[\sum_{n=-\infty}^{\infty} x_2(n)\left(\frac{z}{v}\right)^{-n} \right] \frac{\mathrm{d}v}{v} = \frac{1}{2\pi j} \oint_c X_1(v) X_2\left(\frac{z}{v}\right) \frac{\mathrm{d}v}{v}$$

10. z 域帕塞瓦尔定理

设

$$X_1(z) = ZT(x_1(n)), \ |z| \in (R_{1-}, R_{1+})$$
$$X_2(z) = ZT(x_2(n)), \ |z| \in (R_{2-}, R_{2+})$$

如果

$$R_{1-}R_{2-} < 1, R_{1+}R_{2+} > 1$$

则

$$\sum_{n=-\infty}^{\infty} x_1(n)x_2^*(n) = \frac{1}{2\pi j} \oint_c X_1(v) X_2^*\left(\frac{1}{v^*}\right) \frac{\mathrm{d}v}{v} \qquad (2.3.35)$$

式中：

$$\max\left(R_{1-}, \frac{1}{R_{2+}}\right) < |v| < \min\left(R_{1+}, \frac{1}{R_{2-}}\right)$$

利用 z 域卷积定理很容易证明 z 域帕塞瓦尔定理，这里不再证明。

2.4 线性离散系统的 z 域分析

z 域分析是离散时间系统的重要分析方法，z 变换能够将系统的时域差分方程数学模型转化为 z 域代数方程求解，大幅简化时域差分方程的求解过程。z 域分析广泛地应用于描述离散系统的系统函数，根据系统函数的极点和零点的分布，可以方便有效地分析系统的因果特性、稳定特性和频率响应特性。

2.4.1 差分方程的 z 变换求解方法

线性时不变离散时间系统的时域数学模型是常系数线性差分方程。设系统的激励为 $x(n)$，响应为 $y(n)$，则描述系统的 N 阶线性差分方程为

$$\sum_{k=0}^{N} a_k y(n-k) = \sum_{m=0}^{M} b_m x(n-m) \qquad (2.4.1)$$

式中，a_k 和 b_m 均为实常数。当 $n < 0$ 时，$x(n) = 0$，即激励 $x(n)$ 在 $n=0$ 时刻接入系统，激励 $x(n)$ 为因果序列。设系统的初始状态为 $y(-1)$，$y(-2)$，$\cdots$，$y(-N)$。

在时域求解方程式(2.4.1)是比较困难的，将其变换到 z 域求解则相对容易。

设

$$X(z) = ZT(x(n))$$

考虑到序列 $x(n)$ 为因果序列，则方程式(2.4.1)等号右边的 z 变换为

$$ZT\left(\sum_{m=0}^{M} b_m x(n-m) \right) = \sum_{m=0}^{M} b_m X(z)z^{-m} = X(z)\sum_{m=0}^{M} b_m z^{-m} = X(z)B(z) \quad (2.4.2)$$

式中，$B(z) = ZT(b_m) = \sum_{m=0}^{M} b_m z^{-m}$。

设
$$Y(z) = ZT(y(n))$$

考虑到序列 $y(n)$ 的初始状态为 $y(-1)$，$y(-2)$，…，$y(-N)$，则

$$ZT(y(n-k)) = \sum_{n=0}^{\infty} y(n-k)z^{-n} = \sum_{l=-k}^{\infty} y(l)z^{-(l+k)} = z^{-k}\sum_{l=-k}^{\infty} y(l)z^{-l}$$

$$= z^{-k}\left(\sum_{l=-k}^{-1} y(l)z^{-l} + \sum_{l=0}^{\infty} y(l)z^{-1}\right) = z^{-k}\sum_{l=-k}^{-1} y(l)z^{-l} + z^{-k}Y(z)$$

$$(2.4.3)$$

式中，$l = n - k$。

方程式(2.4.1)等号左边的 z 变换为

$$ZT\left(\sum_{k=0}^{N} a_k y(n-k)\right) = \sum_{k=0}^{N} a_k\left(z^{-k}\sum_{l=-k}^{-1} y(l)z^{-l} + z^{-k}Y(z)\right)$$

$$= \sum_{k=0}^{N} a_k z^{-k}\left(\sum_{l=-k}^{-1} y(l)z^{-l}\right) + \sum_{k=0}^{N} a_k z^{-k}Y(z)$$

$$= \sum_{k=0}^{N} a_k z^{-k}\left(\sum_{l=-k}^{-1} y(l)z^{-l}\right) + Y(z)\sum_{k=0}^{N} a_k z^{-k}$$

$$= M(z) + Y(z)A(z)$$

$$(2.4.4)$$

式中，$M(z) = \sum_{k=0}^{N} a_k z^{-k}\left(\sum_{l=-k}^{-1} y(l)z^{-l}\right)$，$A(z) = ZT(a_k) = \sum_{k=0}^{N} a_k z^{-k}$。

因此，方程式(2.4.1)对应的 z 域方程为

$$M(z) + Y(z)A(z) = X(z)B(z) \tag{2.4.5}$$

则

$$Y(z) = \frac{B(z)}{A(z)}X(z) - \frac{M(z)}{A(z)} \tag{2.4.6}$$

在式(2.4.6)中，等号左边的项称为系统的全响应的 z 域解。在式(2.4.6)中，等号右边第一项只与输入激励有关，而与初始状态无关，称为系统的零状态响应的 z 域解；等号右边第二项只与初始状态有关，而与输入激励无关，称为系统的零输入响应的 z 域解。系统的零输入响应的 z 域解和零状态响应的 z 域解的代数和，等于系统的全响应的 z 域解。

2.4.2 传输函数和系统函数

1. 传输函数

系统对单位序列 $\delta(n)$ 的零状态响应 $h(n)$ 称为系统的单位序列响应。$h(n)$ 的离散傅里叶变换 $H(\omega)$ 称为系统的传输函数。传输函数能够反映系统的频率特性。传输函数的计算公式可以表达为

$$H(\omega) = \sum_{n=-\infty}^{\infty} h(n)e^{-j\omega n} \tag{2.4.7}$$

2. 系统函数

系统的单位序列响应 $h(n)$ 的 z 变换 $H(z)$ 称为系统函数。系统函数能够反映系统的复频域特性。系统函数的计算公式可以表达为

$$H(z) = \sum_{n=-\infty}^{\infty} h(n)z^{-n} \tag{2.4.8}$$

设线性时不变离散时间系统的时域数学模型为式(2.4.1)，其输入和输出的 z 变换分别为 $X(z)$ 和 $Y(z)$，则输出响应的 z 域解为式(2.4.6)。如果系统为零状态，则有

$$Y(z) = \frac{B(z)}{A(z)}X(z) \tag{2.4.9}$$

则

$$H(z) = \frac{Y(z)}{X(z)} = \frac{B(z)}{A(z)} \tag{2.4.10}$$

如果 $H(z)$ 的收敛域包含单位圆 $|z|=1$，则

$$H(\omega) = H(z)\Big|_{z=e^{j\omega}} \tag{2.4.11}$$

应该指出，传输函数和系统函数经常不加区分，系统函数也常称为系统的传输函数。

2.4.3　利用系统函数分析系统的因果性和稳定性

1. 用系统函数分析系统的因果性

设因果系统的单位序列响应为 $h(n)$，则当 $n<0$ 时，$h(n)=0$，且系统函数为

$$H(z) = \sum_{n=-\infty}^{\infty} h(n)z^{-n} = \sum_{n=0}^{\infty} h(n)z^{-n} \tag{2.4.12}$$

因此

$$\lim_{z\to\infty} H(z) = \lim_{z\to\infty}\sum_{n=0}^{\infty} h(n)z^{-n} = \sum_{n=0}^{\infty} h(n)\lim_{z\to\infty} z^{-n} = 0 \tag{2.4.13}$$

因此 $H(z)$ 在 $z=\infty$ 必收敛。考虑到 $h(n)=0$ 只在 $n>0$ 时有定义，则 $H(z)$ 的收敛域必是一个圆的圆外部分，其极点必分布在该圆内。

2. 用系统函数分析系统的稳定性

设系统的单位序列响应为 $h(n)$，其系统函数为

$$H(z) = \sum_{n=-\infty}^{\infty} h(n)z^{-n} \tag{2.4.14}$$

对于稳定系统，要求

$$\sum_{n=-\infty}^{\infty} |h(n)| < \infty \tag{2.4.15}$$

在式(2.4.14)中，当 $|z|=1$ 时，$|h(n)z^{-n}|=|h(n)|<\infty$。因此当 $|z|=1$ 时，系统函数 $H(z)$ 必收敛，其收敛域必包含单位圆，即稳定系统的收敛域必包含单位圆。

对于稳定的因果系统的系统函数，在 $|z|=\infty$ 和 $|z|=1$ 必收敛，收敛域必包含单位圆和无穷远点。

2.4.4　利用系统函数分析系统的频率特性

零状态响应的系统函数为

$$H(z) = \frac{B(z)}{A(z)} = \frac{ZT(b_m)}{ZT(a_k)} = \frac{\sum_{m=0}^{M} b_m z^{-m}}{\sum_{k=0}^{N} a_k z^{-k}} = Az^{N-M}\frac{\prod_{m=0}^{M}(z-c_m)}{\prod_{k=0}^{N}(z-d_k)} \tag{2.4.16}$$

式中，$A = b_0/a_0$，c_m 和 d_k 分别是系统函数的零点和极点。显然，参数 A 影响系统函数的幅度大小。

设系统为稳定系统，令 $z = e^{j\omega}$，代入式(2.4.16)，得传输函数为

$$H(\omega) = Ae^{j\omega(N-M)} \frac{\prod\limits_{m=0}^{M}(e^{j\omega} - c_m)}{\prod\limits_{k=0}^{N}(e^{j\omega} - d_k)} \tag{2.4.17}$$

在 z 平面上，$e^{j\omega} - c_m$ 表示零点 c_m 指向单位圆上 $e^{j\omega}$ 点 B 的向量 $\overrightarrow{c_mB}$，$e^{j\omega} - d_k$ 表示极点 d_k 指向单位圆上 $e^{j\omega}$ 点 B 的向量 $\overrightarrow{d_kB}$。设 $|\overrightarrow{c_mB}| = c_mB$，$\overrightarrow{c_mB} = c_mB \cdot e^{j\alpha_m}$，$|\overrightarrow{d_kB}| = d_kB$，$\overrightarrow{d_kB} = d_kB \cdot e^{j\beta_k}$，$H(\omega) = |H(\omega)|e^{j\varphi(\omega)}$，则

$$|H(\omega)| = |A| \frac{\prod\limits_{m=0}^{M} c_mB}{\prod\limits_{k=0}^{N} d_kB} \tag{2.4.18}$$

$$\varphi(\omega) = \sum_{m=0}^{M} \alpha_m - \sum_{k=0}^{N} \beta_k \tag{2.4.19}$$

当 ω 由 0 到 2π 变化时，向量的长度和幅角不断变化，根据式(2.4.18)和式(2.4.19)可以大略判断传输函数的大小和相位。显然，B 点越靠近极点，幅度频谱越大，可能为峰值；极点越靠近单位圆，幅度频谱越尖锐。而 B 点越靠近零点，幅度频谱越小，可能为谷值；零点越靠近单位圆，幅度频谱越接近零。因此，极点位置主要影响系统频率响应幅度频谱的峰值和尖锐程度，零点位置主要影响系统频率响应幅度频谱的谷点位置和形状。

例 2.4.1　已知系统函数为 $H(z) = 1 - z^{-N}$，分析系统的大致幅度频谱特性。

解　　　　　　　　　　　　$$H(z) = 1 - z^{-N} = \frac{z^N - 1}{z^N}$$

$H(z)$ 的唯一 N 重极点为 $z = 0$，不影响系统函数的幅度频谱。零点是分子为零的点，即

$$z^N - 1 = 0$$

解得零点 z_k 为

$$z_k = e^{j\frac{2\pi}{N}k}, \quad 0 \leqslant k < N$$

显然，零点均匀分布在单位圆上。当 ω 由 0 到 2π 变化时，在每一个零点处系统函数的幅度为零。图 2.4.1(a)给出了 $N=8$ 时的极点(用×表示)和零点(用。表示)分布，图 2.4.1(b)给出了幅度频谱，将图 2.4.1(b)这种形状的滤波器称为梳状滤波器。

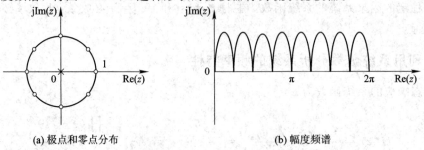

(a) 极点和零点分布　　　　　　　　　　　　(b) 幅度频谱

图 2.4.1　$N=8$ 时的梳状滤波器极点和零点分布及幅度频谱

2.5　MATLAB 应用举例——序列的傅里叶变换

设有序列 $x(n)$，在其傅里叶变换存在的条件下，根据式(2.1.1)，其傅里叶变换定义为

$$X(\omega) = \mathrm{FT}(x(n)) = \sum_{n=-\infty}^{\infty} x(n) \mathrm{e}^{-\mathrm{j}\omega n}$$

例 2.5.1　求序列 $x(n) = R_9(n+4)$ 的傅里叶变换。

解　显然，序列 $x(n) = R_9(n+4)$ 是窗函数，其傅里叶变换定义为

$$
\begin{aligned}
X(\omega) = \mathrm{FT}(x(n)) &= \sum_{n=-\infty}^{\infty} x(n) \mathrm{e}^{-\mathrm{j}\omega n} \\
&= \sum_{n=-4}^{4} R_9(n+4) \mathrm{e}^{-\mathrm{j}\omega n} = \sum_{n=-4}^{4} \mathrm{e}^{-\mathrm{j}\omega n} \\
&= \frac{\mathrm{e}^{\mathrm{j}\omega 4}(1 - \mathrm{e}^{-\mathrm{j}\omega 9})}{1 - \mathrm{e}^{-\mathrm{j}\omega}} = \frac{\mathrm{e}^{\mathrm{j}\omega 4} \mathrm{e}^{-\frac{\mathrm{j}\omega 9}{2}} \left(\mathrm{e}^{\frac{\mathrm{j}\omega 9}{2}} - \mathrm{e}^{-\frac{\mathrm{j}\omega 9}{2}} \right)}{\mathrm{e}^{-\frac{\mathrm{j}\omega}{2}} \left(\mathrm{e}^{\mathrm{j}\omega 2} - \mathrm{e}^{-\frac{\mathrm{j}\omega}{2}} \right)} \\
&= \frac{\sin \dfrac{9\omega}{2}}{\sin \dfrac{\omega}{2}}
\end{aligned}
$$

求序列 $x(n) = R_9(n+4)$ 的傅里叶变换的 MATLAB 程序如下：

```
clear all;
close all;
clc;
x=[1 1 1 1 1 1 1 1 1];
x=x.';
w=-pi:pi/180:pi;
w=w.';
n=-4:4;
xw=exp(-j*w*n)*x;
subplot(211)
stem(n, x);
axis([-6 6 -0.5 1.3]);
xlabel('n');
ylabel('x(n)');
title('序列 x(n)');
subplot(212)
stem(w, xw);
axis([-pi pi -3 10]);
xlabel('\omega');
ylabel('X(\omega)');
title('序列 x(n)的离散傅里叶变换');
```

程序运行结果如图 2.5.1 所示。

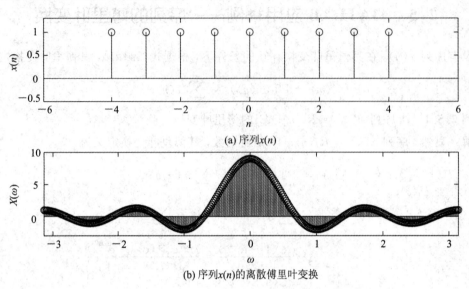

(a) 序列$x(n)$

(b) 序列$x(n)$的离散傅里叶变换

图 2.5.1　序列 $x(n) = R_q(n+4)$ 的傅里叶变换结果图示

小　　结

本章主要介绍离散时间信号与系统的频域分析,包括序列的傅里叶变换、周期序列的离散傅里叶级数和傅里叶变换、序列的 z 变换和线性离散系统的 z 域分析四个部分,其主要内容如下:

(1) 如果序列 $x(n)$ 绝对可和,则其傅里叶变换存在且定义为

$$X(\omega) = \mathrm{FT}(x(n)) = \sum_{n=-\infty}^{\infty} x(n) \mathrm{e}^{-\mathrm{j}\omega n}$$

其逆变换定义为

$$x(n) = \mathrm{IFT}(X(\omega)) = \frac{1}{2\pi} \int_{-\pi}^{\pi} X(\omega) \mathrm{e}^{\mathrm{j}\omega n} \mathrm{d}\omega$$

序列的傅里叶变换是以 2π 为周期的函数,满足帕萨瓦尔定理,其线性性质、时移和频移性质、时域卷积性质、频域卷积性质、对称性和连续时间函数的傅里叶变换类似。当 $\Omega = \omega/T$ 时,序列的傅里叶变换是模拟信号傅里叶变换的周期性拓展,周期为 $\Omega_s = 2\pi/T$。

(2) 周期序列可以展开为离散傅里叶级数。设序列 $x(n)$ 的离散傅里叶级数为 $X(k)$,则

$$X(k) = \mathrm{DFS}(x(n)) = \sum_{n=0}^{N-1} x(n) \mathrm{e}^{-\mathrm{j}\frac{2\pi}{N}kn}$$

$$x(n) = \mathrm{IDFS}(X(k)) = \frac{1}{N} \sum_{k=0}^{N-1} X(k) \mathrm{e}^{\mathrm{j}\frac{2\pi}{N}kn}$$

先将周期序列展开为傅里叶级数,再借助

$$\mathrm{FT}(\mathrm{e}^{\mathrm{j}\omega_0 n}) = 2\pi \sum_{r=-\infty}^{\infty} \delta(\omega - \omega_0 - 2\pi r)$$

可将周期序列进行傅里叶变换。周期序列 $x(n)$ 的傅里叶变换 $X(\omega)$ 为

$$X(\omega) = \mathrm{FT}(x(n)) = \mathrm{FT}\left(\frac{1}{N}\sum_{k=0}^{N-1}X(k)\mathrm{e}^{\mathrm{j}\frac{2\pi}{N}kn}\right) = \frac{2\pi}{N}\sum_{k=-\infty}^{\infty}X(k)\delta\left(\omega - \frac{2\pi}{N}k\right)$$

（3）序列的 z 变换是其傅里叶变换的推广。序列的 z 变换的收敛域用其极点界定，因果序列的极点必位于圆内。逆 z 变换的求解方法包括留数法、幂级数展开法和部分分式展开法。序列的 z 变换的性质主要包括线性性质、移位性质、时域卷积性质、频域卷积性质、初值定理和终值定理等。

（4）序列的 z 变换可以简化差分方程的求解过程。系统的单位序列响应的 z 变换称为系统函数。利用系统函数的极点的分布，可以分析系统的因果性和稳定性；利用系统函数的零点和极点的分布，可以分析系统的频率特性。

习　　题

1.已知序列 $x(n)$ 的傅里叶变换为 $X(\omega)$，n_0 为整数常量，求下列序列的傅里叶变换：

（1）$x(n-2n_0)$；　　　　　（2）$x^*(-2n)$；

（3）$nx(2n)$；　　　　　　（4）$\mathrm{e}^{\mathrm{j}\omega n_0}x(2n)$。

2.求矩形序列 $R_6(n)$ 的傅里叶变换。将矩形序列 $R_6(n)$ 以 6 为周期延拓形成周期序列 $\widetilde{R}_6(n)$，求 $\widetilde{R}_6(n)$ 的离散傅里叶级数和傅里叶变换。画出序列 $R_6(n)$ 的傅里叶变换、$\widetilde{R}_6(n)$ 的离散傅里叶级数和傅里叶变换的图形，并比较其异同。

3.已知一序列 $x(n)$ 的傅里叶变换为频域矩形函数 $g_{\pi/4}(\omega)$，频域矩形函数 $g_{\pi/4}(\omega)$ 的表达式为

$$g_{\pi/4}(\omega) = \begin{cases} 1, & |\omega| \leqslant \dfrac{\pi}{4} \\ 0, & \dfrac{\pi}{4} < |\omega| \leqslant \pi \end{cases}$$

求序列 $x(n)$。

4.求下列序列的傅里叶变换：

（1）$x_1(n) = \delta(n+2)$；

（2）$x_2(n) = \delta(n+1) + 2\delta(n) + \delta(n-1)$；

（3）$x_3(n) = \varepsilon(n) + \varepsilon(n+2) - \varepsilon(n-1) - \varepsilon(n-2)$；

（4）$x_4(n) = 0.5^n \varepsilon_n$。

5.求矩形序列 $R_6(n)$ 的共轭对称部分序列 $x_e(n)$ 和共轭反对称部分序列 $x_o(n)$，并画出其波形；求 $R_6(n)$、$x_e(n)$ 和 $x_o(n)$ 的傅里叶变换，并画出其波形。

6.求下列序列的 z 变换及收敛域：

（1）$\delta(n+2)$；

（2）$3^{-n}\varepsilon(n-2)$；

（3）$\delta(n-2) + \delta(n)$；

（4）$3^{-n}\varepsilon(-n+1)$；

（5）$3^{-n}(\varepsilon(n+1) - \varepsilon(n-3))$；

（6）$\delta(-n+1)$。

7. 求以下序列的 z 变换及收敛域，并画出其零极点分布图。

(1) $x(n) = 0.5^n \varepsilon(n)$；

(2) $x(n) = R_5(n)$。

8. 设序列 $x(n)$ 的 z 变换为

$$X(z) = \frac{1}{1-2z^{-1}} + \frac{2}{1-3z^{-1}}$$

求序列 $x(n)$。

9. 设序列 $x(n)$ 的 z 变换为

$$X(z) = \frac{z^{-1}}{1-3z^{-1}+2z^{-2}}$$

在下列三种情况下分别求序列 $x(n)$：

(1) $X(z)$ 的收敛域为 $1 < |z| < 2$；

(2) $X(z)$ 的收敛域为 $|z| > 2$；

(3) $X(z)$ 的收敛域为 $|z| < 1$。

10. 分别用长除法和部分分式法求下列 $X(z)$ 对应的序列 $x(n)$：

(1) $X(z) = \dfrac{1-2z^{-1}}{1-z^{-2}}$，$|z| > 1$；

(2) $X(z) = \dfrac{1-3z^{-1}}{1+z^{-1}-2z^{-2}}$，$|z| < 1$。

11. 用 z 变换求解下列差分方程：

(1) $y(n+1) - 2y(n) = \varepsilon(n)$　$(y(n) = 0, n < 0)$；

(2) $y(n) - 2y(n-1) = 2\varepsilon(n)$，$y(-1) = 1$　$(y(n) = 0, n < -1)$；

(3) $y(n+1) - 2y(n) + y(n-1) = \delta(n)$，$y(-1) = 1$　$(y(n) = 0, n < -1)$。

12. 如果系统的差分方程为

$$y(n) - 2.4y(n-1) + 0.8y(n-2) = x(n-1)$$

(1) 求系统的系统函数 $H(z)$，画出零极点分布图；

(2) 如果限定系统为因果系统，求 $H(z)$ 的收敛域和单位序列响应 $h(n)$；

(3) 如果限定系统为稳定系统，求 $H(z)$ 的收敛域和单位序列响应 $h(n)$；

(4) 如果系统稳定，求系统的传输函数 $H(\omega)$ 并画出其幅频特性曲线；

(5) 如果系统稳定，设输入 $x(n) = R_8(n)$，分别用时域卷积和 z 变换求输出 $y(n)$。

13. 设线性时不变系统的系统函数

$$H(z) = \frac{1-az^{-1}}{1-a^{-1}z^{-1}}，a \text{ 为实数}$$

如果系统为因果稳定系统，求 a 的取值范围，并画出系统函数的零极点分布图。

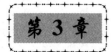

离散傅里叶变换(DFT)和快速傅里叶变换(FFT)算法

3.1　离散傅里叶变换(DFT)的基本概念

3.1.1　离散傅里叶变换(DFT)的定义

设 $W_N = \mathrm{e}^{-\mathrm{j}\frac{2\pi}{N}}$，长度为 M 的有限长离散时间序列 $x(n)(n=0,1,2,\cdots,M-1)$ 的 N 点离散傅里叶变换(DFT)定义为

$$X(k) = \mathrm{DFT}(x(n)) = \sum_{n=0}^{N-1} x(n) W_N^{kn}, \ k=0,1,2,\cdots,N-1 \tag{3.1.1}$$

式中，N 称为 DFT 区间长度，$N \geqslant M$；$x(n)=0$，$n=M, M+1, \cdots, N-1$。

式(3.1.1)中，$X(k)(k=0,1,2,\cdots,N-1)$ 的离散傅里叶逆变换(IDFT)定义为

$$x(n) = \mathrm{IDFT}(X(k)) = \frac{1}{N} \sum_{k=0}^{N-1} X(k) W_N^{-kn}, \ n=0,1,2,\cdots,N-1 \tag{3.1.2}$$

式(3.1.1)和式(3.1.2)称为离散傅里叶变换对。

应该指出，离散时间序列 $x(n)(n=0,1,2,\cdots,N-1)$ 和 $X(k)(k=0,1,2,\cdots,N-1)$ 具有一一对应的关系。序列 $x(n)$ 可以在变换区间上由式(3.1.1)得到唯一的 $X(k)$，而对 $X(k)$ 进行离散傅里叶逆变换(IDFT)得到的序列一定是 $x(n)$。

为了证明对 $X(k)$ 进行离散傅里叶逆变换(IDFT)得到的序列一定是 $x(n)$，将式(3.1.1)代入式(3.1.2)，得

$$\mathrm{IDFT}(X(k)) = \frac{1}{N} \sum_{k=0}^{N-1} X(k) W_N^{-kn} = \frac{1}{N} \sum_{k=0}^{N-1} \left(\sum_{m=0}^{N-1} x(m) W_N^{km} \right) W_N^{-kn}$$

$$= \frac{1}{N} \sum_{k=0}^{N-1} \sum_{m=0}^{N-1} x(m) W_N^{k(m-n)} = \sum_{m=0}^{N-1} x(m) \sum_{k=0}^{N-1} \frac{1}{N} W_N^{k(m-n)}$$

当 $n=0,1,2,\cdots,N-1$ 时，由于

$$\sum_{k=0}^{N-1} \frac{1}{N} W_N^{k(m-n)} = \begin{cases} 1, & m=n \\ 0, & m \neq n \end{cases}$$

因此

$$\mathrm{IDFT}(X(k)) = x(n)$$

即在变换区间上对 $X(k)$ 进行离散傅里叶逆变换（IDFT）得到的序列一定是 $x(n)$。

例 3.1.1　求序列 $x(n)=R_5(n)$ 的 6 点和 12 点傅里叶变换。

解　令变换区间 $N=6$，则

$$X(k) = \sum_{n=0}^{5} x(n)\mathrm{e}^{-\mathrm{j}\frac{2\pi}{6}kn} = \sum_{n=0}^{4} \mathrm{e}^{-\mathrm{j}\frac{2\pi}{6}kn} = \frac{1-\mathrm{e}^{-\mathrm{j}\frac{5\pi}{3}k}}{1-\mathrm{e}^{-\mathrm{j}\frac{\pi}{3}k}},\ k=0,1,2,3,4,5$$

令变换区间 $N=12$，则

$$X(k) = \sum_{n=0}^{11} x(n)\mathrm{e}^{-\mathrm{j}\frac{2\pi}{12}kn} = \sum_{n=0}^{4} \mathrm{e}^{-\mathrm{j}\frac{2\pi}{12}kn} = \frac{1-\mathrm{e}^{-\mathrm{j}\frac{5\pi}{6}k}}{1-\mathrm{e}^{-\mathrm{j}\frac{\pi}{6}k}},\ k=0,1,2,\cdots,11$$

3.1.2　DFT 和 z 变换及序列傅里叶变换的关系

长度为 N 的序列 $x(n)(n=0,1,2,\cdots,N-1)$ 的 DFT 为

$$X(k) = \mathrm{DFT}(x(n)) = \sum_{n=0}^{N-1} x(n)W_N^{kn},\ k=0,1,2,\cdots,N-1$$

令 $z_k=W_N^{-k}$，则

$$X(k) = \mathrm{DFT}(x(n)) = \sum_{n=0}^{N-1} x(n)z^{-n}\bigg|_{z=z_k} = \mathrm{ZT}(x(n))\bigg|_{z=z_k},\ k=0,1,2,\cdots,N-1$$

$$\tag{3.1.3}$$

考虑到 $W_N=\mathrm{e}^{-\mathrm{j}\frac{2\pi}{N}}$，令 $\omega_k=\dfrac{2\pi}{N}k$，则

$$X(k) = \mathrm{DFT}(x(n)) = \sum_{n=0}^{N-1} x(n)\mathrm{e}^{-\mathrm{j}\omega n}\bigg|_{\omega=\omega_k} = \mathrm{FT}(x(n))\bigg|_{\omega=\omega_k},\ k=0,1,2,\cdots,N-1$$

$$\tag{3.1.4}$$

设 $X(z)=\mathrm{ZT}(x(n))$，$X(\omega)=\mathrm{FT}(x(n))$，则

$$X(k) = X(z)\bigg|_{z=z_k},\ k=0,1,2,\cdots,N-1 \tag{3.1.5}$$

$$X(k) = X(\omega)\bigg|_{\omega=\omega_k},\ k=0,1,2,\cdots,N-1 \tag{3.1.6}$$

由于

$$z_k = W_N^{-k} = \mathrm{e}^{\mathrm{j}\frac{2\pi}{N}k},\ k=0,1,2,\cdots,N-1$$

则 $|z_k|=1$，即 z_k 均匀分布在单位圆上，因此，序列的 DFT 是序列的 z 变换在单位圆上均匀分布的 N 个样点的值。

由于

$$\omega_k = \frac{2\pi}{N}k,\ k=0,1,2,\cdots,N-1$$

因此序列的 DFT 是序列的傅里叶变换在区间 $[0,2\pi]$ 上的 N 个等间隔样点的值。

3.1.3　DFT 的周期性

DFT 的周期性体现在两个方面：① 序列 $x(n)$ 的离散傅里叶变换计算公式具有周期性，其周期为 N；② $X(k)$ 的离散傅里叶逆变换计算公式具有周期性，其周期也为 N。

证明　首先证明第一个结论。

按式(3.1.1)，设 $W_N = \mathrm{e}^{-\mathrm{j}\frac{2\pi}{N}}$，$N \geqslant M$，则长度为 M 的有限长离散时间序列 $x(n)(n = 0,$ $1, 2, \cdots, M-1)$ 的 N 点离散傅里叶变换 $X(k)$ 为

$$X(k) = \mathrm{DFT}(x(n)) = \sum_{n=0}^{N-1} x(n) W_N^{kn}, \ k = 0, 1, 2, \cdots, N-1$$

此定义式中明确限定了 k 的取值范围。如果不限定 k 的取值范围，则得到的序列是周期序列，其周期为 N，设此周期序列为 $X_N(k)$，则其表达式为

$$X_N(k) = \sum_{n=0}^{N-1} x(n) W_N^{kn} \tag{3.1.7}$$

由于 $W_N^{Nn} = (\mathrm{e}^{-\mathrm{j}\frac{2\pi}{N}})^{Nn} = 1$，则

$$X_N(k+N) = \sum_{n=0}^{N-1} x(n) W_N^{(k+N)n} = \sum_{n=0}^{N-1} x(n) W_N^{kn} W_N^{Nn}$$

$$= \sum_{n=0}^{N-1} x(n) W_N^{kn} = X_N(k) \tag{3.1.8}$$

因此 $X_N(k)$ 是周期为 N 的周期序列。

　　按相同的方法可以证明第二个结论。设 $X(k)$ 的离散傅里叶逆变换得到的周期序列为 $x_N(n)$，则

$$x_N(n) = \frac{1}{N} \sum_{k=0}^{N-1} X(k) W_N^{-kn} \tag{3.1.9}$$

由于

$$x_N(n+N) = \frac{1}{N} \sum_{k=0}^{N-1} X(k) W_N^{-k(n+N)} = \frac{1}{N} \sum_{k=0}^{N-1} X(k) W_N^{-kn} W_N^{-kN}$$

$$= \frac{1}{N} \sum_{k=0}^{N-1} X(k) W_N^{-kn} = x_N(n) \tag{3.1.10}$$

因此 $x_N(n)$ 是周期为 N 的周期序列。

　　因以上的推导易知，有限长序列的 N 点傅里叶变换 $X(k)$ 只是 $X_N(k)$ 的一个周期，即

$$X(k) = X_N(k), \ k = 0, 1, 2, \cdots, N-1 \tag{3.1.11}$$

而序列 $x(n)$ 只是 $X(k)$ 的离散傅里叶逆变换 $X_N(n)$ 的一个周期，即

$$x(n) = x_N(n), \ n = 0, 1, 2, \cdots, N-1 \tag{3.1.12}$$

用矩形序列 $R_N(n)$ 可以将式(3.1.11)和式(3.1.12)分别表述为

$$X(k) = X_N(k) R_N(k) \tag{3.1.13}$$

$$x(n) = x_N(n) R_N(n) \tag{3.1.14}$$

为了表述方便，将 $X(k)$ 和 $x(n)$ 分别称为 $X_N(k)$ 和 $x_N(n)$ 的主值序列。

　　周期函数 $X_N(k)$ 和 $x_N(n)$ 也可以用 $X(k)$ 和 $x(n)$ 周期性延拓得到，即

$$X_N(k) = \sum_{m=-\infty}^{\infty} X(k+mN), \ k = 0, 1, 2, \cdots, N-1 \tag{3.1.15}$$

$$x_N(n) = \sum_{m=-\infty}^{\infty} x(n+mN), \ n = 0, 1, 2, \cdots, N-1 \tag{3.1.16}$$

　　应该指出，对于长度为 $M(M \leqslant N)$ 的离散时间序列 $x_1(n)$，应用补 0 的方法扩展为长度为 N 的序列再进行相关运算。扩展方法表述为

$$x(n) = \begin{cases} x_1(n), & n = 0, 1, 2, \cdots, M-1 \\ 0, & n = M, M+1, \cdots, N-1 \end{cases} \quad (3.1.17)$$

3.2　离散傅里叶变换的性质

1. 线性性质

设 a、b 为常数，序列 $x_1(n)$ 的长度为 N_1，序列 $x_2(n)$ 的长度为 N_2，$N = \max[N_1, N_2]$，序列 $x_1(n)$ 和 $x_2(n)$ 的 N 点 DFT 为 $X_1(k)$ 和 $X_2(k)$。如果

$$y(n) = ax_1(n) + bx_2(n)$$

且序列 $y(n)$ 的 N 点 DFT 为 $Y(k)$，则

$$Y(k) = aX_1(k) + bX_2(k), \; k = 0, 1, 2, \cdots, N-1 \quad (3.2.1)$$

2. 循环移位性质

1) 序列循环移位的定义

设序列 $x(n)$ 的长度为 N，$n = 0, 1, 2, \cdots, N-1$，以序列 $x(n)$ 为主值序列、以 N 为周期的周期序列为 $x_N(n)$，则序列 $x(n)$ 的 m 位循环移位序列 $y(n)$ 定义为

$$y(n) = x_N(n+m)R_N(n) \quad (3.2.2)$$

由式(3.2.2)可知，序列 $x(n)$ 的 m 位循环移位序列 $y(n)$ 是将周期序列 $x_N(n)$ 左移 m 个单位再取 $n = 0, 1, 2, \cdots, N-1$ 的主值序列。

2) 时域循环移位定理

设序列 $x(n)$，$n = 0, 1, 2, \cdots, N-1$ 的 m 位循环移位序列为 $y(n)$，即

$$y(n) = x_N(n+m)R_N(n)$$

设 $X(k) = \mathrm{DFT}(x(n))$，$Y(k) = \mathrm{DFT}(y(n))$，$W_N = \mathrm{e}^{-\mathrm{j}\frac{2\pi}{N}}$，则

$$Y(k) = W_N^{-km}X(k), \; k = 0, 1, 2, \cdots, N-1 \quad (3.2.3)$$

证明

$$Y(k) = \mathrm{DFT}(y(n)) = \sum_{n=0}^{N-1} y(n)W_N^{kn} = \sum_{n=0}^{N-1} x_N(n+m)R_N(n)W_N^{kn} = \sum_{n=0}^{N-1} x_N(n+m)W_N^{kn}$$

令 $l = n+m$，则

$$Y(k) = \sum_{l=m}^{N-1+m} x_N(l)W_N^{k(l-m)} = W_N^{-km}\sum_{n=m}^{N-1+m} x_N(l)W_N^{kl}$$

由于 $x_N(l)W_N^{kl}$ 是以 N 为周期的周期函数，对其在任一周期上求和结果不变，因此

$$\sum_{l=m}^{N-1+m} x_N(l)W_N^{kl} = \sum_{l=0}^{N-1} x_N(l)W_N^{kl} = \sum_{n=0}^{N-1} x(n)W_N^{kn} = X(k), \; k = 0, 1, 2, \cdots, N-1$$

所以

$$Y(k) = W_N^{-km}X(k)$$

3) 频域循环移位定理

设序列 $x(n)$，$n = 0, 1, 2, \cdots, N-1$，$X(k) = \mathrm{DFT}(x(n))$，$k = 0, 1, 2, \cdots, N-1$ 的 p 位循环移位序列为 $Y(k)$，即

$$Y(k) = X_N(k+p)R_N(k)$$

式中，$X_N(k)$ 是以序列 $X(k)$ 为主值序列、以 N 为周期的周期序列，设 $y(n)=\mathrm{IDFT}(Y(k))$，$W_N=\mathrm{e}^{-\mathrm{j}\frac{2\pi}{N}}$，则

$$y(n)=W_N^{np}x(n),\ n=0,1,2,\cdots,N-1 \tag{3.2.4}$$

式(3.2.4)和式(3.2.3)的证明方法类似，按 IDFT 的定义证明即可，这里不再给出证明过程。

3. 循环卷积定理

1) 时域循环卷积定理

设序列 $x_1(n)$ 的长度为 N_1，序列 $x_2(n)$ 的长度为 N_2，$N=\max[N_1,N_2]$，以序列 $x_1(n)$ 和 $x_2(n)$ 为主值序列、以 N 为周期的周期序列为 $x_{1N}(n)$ 和 $x_{2N}(n)$。序列 $x_1(n)$ 和 $x_2(n)$ 的 N 点 DFT 为 $X_1(k)$ 和 $X_2(k)$。如果

$$X(k)=X_1(k)\cdot X_2(k)$$

则

$$x(n)=\mathrm{IDFT}(X(k))=\sum_{m=0}^{N-1}x_1(m)x_{2N}(n-m)R_N(n),\ n=0,1,2,\cdots,N-1 \tag{3.2.5}$$

或

$$x(n)=\mathrm{IDFT}(X(k))=\sum_{m=0}^{N-1}x_2(m)x_{1N}(n-m)R_N(n),\ n=0,1,2,\cdots,N-1 \tag{3.2.6}$$

称式(3.2.5)和式(3.2.6)表示的运算为序列 $x_1(n)$ 和 $x_2(n)$ 的循环卷积。式(3.2.5)和式(3.2.6)称为时域循环卷积定理。式(3.2.5)也记作

$$x(n)=x_1(n)\circledast x_2(n)$$

证明　式(3.2.5)中的序列 $x(n)$ 进行 DFT，得

$$X(k)=\mathrm{DFT}(x(n))$$

$$=\sum_{n=0}^{N-1}\Big(\sum_{m=0}^{N-1}x_1(m)x_{2N}(n-m)R_N(n)\Big)W_N^{kn}$$

$$=\sum_{m=0}^{N-1}x_1(m)\Big(\sum_{n=0}^{N-1}x_{2N}(n-m)W_N^{kn}\Big)$$

令 $n-m=l$，则有

$$X(k)=\sum_{m=0}^{N-1}x_1(m)\Big(\sum_{l=-m}^{N-1-m}x_{2N}(l)W_N^{k(l+m)}\Big)=\sum_{m=0}^{N-1}x_1(m)W_N^{km}\Big(\sum_{l=-m}^{N-1-m}x_{2N}(l)W_N^{kl}\Big)$$

$$=\Big(\sum_{m=0}^{N-1}x_1(m)W_N^{km}\Big)\cdot\Big(\sum_{l=-m}^{N-1-m}x_{2N}(l)W_N^{kl}\Big)=X_1(k)\sum_{l=-m}^{N-1-m}x_{2N}(l)W_N^{kl}$$

由于 $x_{2N}(l)W_N^{kl}$ 是以 N 为周期的周期函数，因此在任何一个周期上积分其和不变。所以

$$X(k)=X_1(k)\sum_{l=-m}^{N-1-m}x_{2N}(l)W_N^{kl}=X_1(k)\sum_{l=0}^{N-1}x_{2N}(l)W_N^{kl}$$

$$=X_1(k)\cdot X_2(k),\ k=0,1,2,\cdots,N-1$$

式(3.2.6)的证明和式(3.2.5)的证明过程完全类似,这里不再给出证明过程。式(3.2.5)和式(3.2.6)说明循环卷积满足交换律,即

$$x(n) = x_1(n) \circledast x_2(n) = x_2(n) \circledast x_1(n)$$

2) 频域循环卷积定理

设序列 $x_1(n)$ 的长度为 N_1,序列 $x_2(n)$ 的长度为 N_2,$N = \max[N_1, N_2]$,序列 $x_1(n)$ 和 $x_2(n)$ 的 N 点 DFT 为 $X_1(k)$ 和 $X_2(k)$。以序列 $X_1(k)$ 和 $X_2(k)$ 为主值序列、以 N 为周期的周期序列为 $X_{1N}(k)$ 和 $X_{2N}(k)$。如果

$$x(n) = x_1(n) \cdot x_2(n)$$

则

$$X(k) = \mathrm{DFT}(x(n)) = \frac{1}{N} \sum_{p=0}^{N-1} X_1(p) X_{2N}(k-p) R_N(k), \ k = 0, 1, 2, \cdots, N-1$$

$$(3.2.7)$$

式(3.2.7)称为频域循环卷积定理。式(3.2.7)也记作

$$X(k) = \frac{1}{N} X_1(k) \circledast X_2(k)$$

频域循环卷积定理的证明和时域循环卷积定理类似,这里不再给出证明过程。

4. 复共轭序列的 DFT

长度为 N 的序列 $x(n)$ 的复共轭序列为 $x^*(n)$,设

$$X(k) = \mathrm{DFT}(x(n))$$

则

$$\mathrm{DFT}(x^*(n)) = X^*(N-k), \ k = 0, 1, 2, \cdots, N-1 \qquad (3.2.8)$$

且

$$X(N) = X(0)$$

证明
$$X^*(N-k) = \left(\sum_{n=0}^{N-1} x(n) W_N^{(N-k)n} \right)^* = \sum_{n=0}^{N-1} x^*(n) (W_N^{(N-k)n})^*$$
$$= \sum_{n=0}^{N-1} x^*(n) W_N^{kn}$$
$$= \mathrm{DFT}(x^*(n))$$

由于 $X(k)$ 的周期是 N,所以

$$X(N) = X(0)$$

同理,可得

$$\mathrm{DFT}(x^*(N-n)) = X^*(k), \ k = 0, 1, 2, \cdots, N-1 \qquad (3.2.9)$$

5. DFT 的共轭对称性

1) 有限长序列时域共轭对称和共轭反对称性质

(1) 有限长序列时域共轭对称和共轭反对称性的定义。

对长度为 N 的有限长序列 $x(n)$,如果满足:

$$x(n) = x^*(N-n), \ n = 0, 1, 2, \cdots, N-1 \qquad (3.2.10)$$

则称序列 $x(n)$ 为共轭对称序列;而如果满足:

$$x(n) = -x^*(N-n), \ n = 0, 1, 2, \cdots, N-1 \qquad (3.2.11)$$

则称序列 $x(n)$ 为共轭反对称序列。

如果 N 为偶数，令式(3.2.10)和式(3.2.11)中的 $n = N/2 - m$，则共轭对称序列满足：

$$x\left(\frac{N}{2} - m\right) = x^*\left(\frac{N}{2} + m\right), \ m = 0, 1, 2, \cdots, N/2 - 1 \qquad (3.2.12)$$

而共轭反对称序列满足：

$$x\left(\frac{N}{2} - m\right) = -x^*\left(\frac{N}{2} + m\right), \ m = 0, 1, 2, \cdots, N/2 - 1 \qquad (3.2.13)$$

（2）任意有限长序列可以表示为共轭对称和共轭反对称两部分的和。

任意有限长序列 $x(n)$ 都可以表示成一个共轭对称序列 $x_e(n)$ 和一个共轭反对称序列 $x_o(n)$ 的和，即

$$x(n) = x_e(n) + x_o(n) \qquad (3.2.14)$$

由式(3.2.14)，可得

$$x^*(N-n) = x_e^*(N-n) + x_o^*(N-n) = x_e(n) - x_o(n) \qquad (3.2.15)$$

由式(3.2.14)和式(3.2.15)，可得

$$x_e(n) = \frac{1}{2}(x(n) + x^*(N-n)) \qquad (3.2.16)$$

$$x_o(n) = \frac{1}{2}(x(n) - x^*(N-n)) \qquad (3.2.17)$$

2）DFT 的共轭对称性

(1) 有限长序列 $x(n)$ 的实部和虚部的 DFT 的对称性。

设长度为 N 的有限长序列 $x(n)$ 的实部为 $x_r(n)$，虚部为 $x_i(n)$，即

$$x(n) = x_r(n) + jx_i(n), \ n = 0, 1, 2, \cdots, N-1 \qquad (3.2.18)$$

则

$$x_r(n) = \frac{1}{2}(x(n) + x^*(n))$$

$$jx_i(n) = \frac{1}{2}(x(n) - x^*(n))$$

设 $X(k) = \mathrm{DFT}(x(n)) = X_e(k) + X_o(k)$，$k = 0, 1, 2, \cdots, N-1$（$X_e(k)$ 和 $X_o(k)$ 分别是 $X(k)$ 的共轭对称分量和共轭反对称分量），对 $x_r(n)$ 和 $jx_i(n)$ 分别作 DFT，得

$$\mathrm{DFT}(x_r(n)) = \frac{1}{2}(\mathrm{DFT}(x(n)) + \mathrm{DFT}(x^*(n)))$$

$$= \frac{1}{2}(X(k) + X^*(N-k)) = X_e(k) \qquad (3.2.19)$$

$$\mathrm{DFT}(jx_i(n)) = \frac{1}{2}(\mathrm{DFT}(x(n)) - \mathrm{DFT}(x^*(n)))$$

$$= \frac{1}{2}(X(k) - X^*(N-k)) = X_o(k) \qquad (3.2.20)$$

式(3.2.19)和式(3.2.20)表明，如果 $X(k) = \mathrm{DFT}(x(n))$，则序列 $x(n)$ 的实部和虚部（包含 j）的 DFT 分别是 $X(k)$ 的共轭对称分量和共轭反对称分量。

（2）有限长序列 $x(n)$ 的共轭对称分量 $x_e(n)$ 和共轭反对称分量 $x_o(n)$ 的 DFT 的对称性。

设长度为 N 的有限长序列 $x(n)$ 的共轭对称分量为 $x_e(n)$，共轭反对称分量为 $x_o(n)$，即

$$x(n) = x_e(n) + x_o(n), \ n = 0, 1, 2, \cdots, N-1 \qquad (3.2.21)$$

则

$$x_e(n) = \frac{1}{2}(x(n) + x^*(N-n))$$

$$x_o(n) = \frac{1}{2}(x(n) - x^*(N-n))$$

设 $X(k) = \mathrm{DFT}(x(n)) = X_r(k) + \mathrm{j}X_i(k)$，$k = 0, 1, 2, \cdots, N-1$（$X_r(k)$ 和 $X_i(k)$ 分别是 $X(k)$ 的实部和虚部），对 $x_e(n)$ 和 $x_o(n)$ 分别作 DFT，得

$$\mathrm{DFT}(x_e(n)) = \frac{1}{2}(\mathrm{DFT}(x(n)) + \mathrm{DFT}(x^*(N-n)))$$

$$= \frac{1}{2}(X(k) + X^*(k)) = X_r(k) \tag{3.2.22}$$

$$\mathrm{DFT}(x_o(n)) = \frac{1}{2}(\mathrm{DFT}(x(n)) - \mathrm{DFT}(x^*(N-n)))$$

$$= \frac{1}{2}(X(k) - X^*(k)) = \mathrm{j}X_i(k) \tag{3.2.23}$$

式(3.2.22)和式(3.2.23)表明，如果 $X(k) = \mathrm{DFT}(x(n))$，则序列 $x(n)$ 的共轭对称分量和共轭反对称分量的 DFT 分别是 $X(k)$ 的实部和虚部(包含 j)。

(3) 有限长序列 $x(n)$ 的其他对称性。

序列 $x(n)$ 的偶对称定义为：$x(n) = x(N-n)$；

序列 $x(n)$ 的奇对称定义为：$x(n) = -x(N-n)$。

如果长度为 N 的有限长序列 $x(n)$ 为实序列，其 DFT 为 $X(k)$，则有以下结论：

① $X(k)$ 共轭对称，即

$$X(k) = X^*(N-k) \tag{3.2.24}$$

② 如果 $x(n)$ 偶对称，则 $X(k)$ 为实序列且偶对称。

③ 如果 $x(n)$ 奇对称，则 $X(k)$ 为纯虚数且奇对称。

(4) DFT 共轭对称性的应用。

对于常见的实序列，利用 DFT 的共轭对称性可以有效地减少 DFT 的计算量，利用式(3.2.24)可以通过一次计算得到 $X(k)$ 和 $X(N-k)$，计算量大约减少为原来的一半。利用 DFT 的共轭对称性也可以构建其他算法，简化计算，减少计算量。

3.3　频域采样定理

信号有两种表现形式：一种是时域形式，称为时域信号，另一种是频域形式，包括信号的 z 变换、傅里叶变换或傅里叶级数，也称为频域信号。信号的时域和频域两种形式是一一对应的，且是唯一的。时域信号的采样和恢复在前面的章节已经做了详尽的讨论，本节讨论序列频域信号的采样和恢复及其数学模型。

1. 由频域采样值恢复时域序列

由于序列的傅里叶变换是 z 变换的特殊情况，因此这里从 z 变换开始讨论。

序列 $x(n)$ 的 z 变换为 $X(z)$，设 $X(z)$ 在 $|z| = 1$ 表示的单位圆上收敛。由于

$$X(z) = \sum_{n=-\infty}^{\infty} x(n)z^{-n} \tag{3.3.1}$$

对 $X(z)$ 做等间隔采样，令 $W_N = \mathrm{e}^{-\mathrm{j}\frac{2\pi}{N}}$，第 k 个采样点取 $z = W_N^{-k}$，$k = 0, 1, 2, \cdots, N-1$，则第 k 个采样点的值为

$$X(k) = X(z)\Big|_{z = W_N^{-k}} = \sum_{n=-\infty}^{\infty} x(n) W_N^{kn} = \sum_{n=-\infty}^{\infty} x(n) \mathrm{e}^{-\mathrm{j}\frac{2\pi}{N}kn} \tag{3.3.2}$$

由于序列 $X(k)$ 是以 N 为周期的周期序列，因此其必为时域周期序列的傅里叶级数。设序列 $X(k)$ 是以 N 为周期的时域周期序列 $x_N(n)$ 的傅里叶级数，则

$$x_N(n) = \frac{1}{N} \sum_{k=0}^{N-1} X(k) \mathrm{e}^{\mathrm{j}\frac{2\pi}{N}kn} = \frac{1}{N} \sum_{k=0}^{N-1} X(k) W_N^{-kn} \tag{3.3.3}$$

将式(3.3.2)代入式(3.3.3)，得

$$x_N(n) = \frac{1}{N} \sum_{k=0}^{N-1} \Big(\sum_{m=-\infty}^{\infty} x(m) W_N^{km} \Big) W_N^{-kn} = \sum_{m=-\infty}^{\infty} x(m) \Big(\frac{1}{N} \sum_{k=0}^{N-1} W_N^{k(m-n)} \Big) \tag{3.3.4}$$

由于

$$\frac{1}{N} \sum_{k=0}^{N-1} W_N^{k(m-n)} = \begin{cases} 1, & m = n + rN \\ 0, & m \neq n + rN \end{cases}$$

所以

$$x_N(n) = \sum_{m=-\infty}^{\infty} x(m) \Big(\frac{1}{N} \sum_{k=0}^{N-1} W_N^{k(m-n)} \Big) = \sum_{r=-\infty}^{\infty} x(n + rN) \tag{3.3.5}$$

式(3.3.5)表明，序列 $x_N(n)$ 是序列 $x(n)$ 以 N 为周期延拓的序列。由 IDFT 和 IDFS 的定义可知，序列的 IDFT 是该序列 IDFS 的主值序列，因此

$$\mathrm{IDFT}(X(k)) = x_N(n) R_N(n) = \sum_{r=-\infty}^{\infty} x(n + rN) R_N(n) \tag{3.3.6}$$

2. 频域采样定理

式(3.3.6)表明，可以由区间 $[0, 2\pi]$ 中的 N 个等间隔的频域采样值 $X(k)$ 恢复出序列 $x(n)$ 在 $n = 0, 1, 2, \cdots, M-1$ 的值。如果序列长度为 $M > N$，则 $n = N, N+1, \cdots, M-1$ 的值无法恢复，出现混叠。因此，只有 $N \geqslant M$ 时才能从频域采样值 $X(k)$ 恢复出序列 $x(n)$，即

$$x(n) = \mathrm{IDFT}(X(k)), \quad N \geqslant M \tag{3.3.7}$$

式(3.3.7)称为频域采样定理。

3. 由频域采样值 $X(k)$ 恢复时域序列的 z 变换 $X(z)$

1) 由频域采样值 $X(k)$ 恢复时域序列的 z 变换 $X(z)$ 介绍

现在用区间 $[0, 2\pi]$ 中的 N 个等间隔的频域采样值 $X(k)$ 恢复出时域序列 $x(n)$ 的 z 变换 $X(z)$。设序列 $x(n)$ 的长度满足频域采样定理，则

$$x(n) = \mathrm{IDFT}(X(k)) = \frac{1}{N} \sum_{k=0}^{N-1} X(k) W_N^{-kn} \tag{3.3.8}$$

将式(3.3.8)代入式(3.3.1)，得

$$\begin{aligned} X(z) &= \sum_{n=-\infty}^{\infty} \Big(\frac{1}{N} \sum_{k=0}^{N-1} X(k) W_N^{-kn} \Big) z^{-n} = \frac{1}{N} \sum_{k=0}^{N-1} X(k) \Big(\sum_{n=0}^{N-1} W_N^{-kn} z^{-n} \Big) \\ &= \frac{1}{N} \sum_{k=0}^{N-1} X(k) \frac{1 - W_N^{-kN} z^{-N}}{1 - W_N^{-k} z^{-1}} \end{aligned}$$

考虑到 $W_N^{-kN} = 1$，则

$$X(z) = \frac{1}{N} \sum_{k=0}^{N-1} X(k) \frac{1 - z^{-N}}{1 - W_N^{-k} z^{-1}} \tag{3.3.9}$$

设

$$\varphi_k(z) = \frac{1}{N} \frac{1 - z^{-N}}{1 - W_N^{-k} z^{-1}} \tag{3.3.10}$$

则

$$X(z) = \sum_{k=0}^{N-1} X(k) \varphi_k(z) \tag{3.3.11}$$

式(3.3.11)表明，$X(z)$ 可以由 $X(k)$ 恢复。式(3.3.11)称为由 $X(k)$ 恢复 $X(z)$ 的内插公式，其中 $\varphi_k(z)$ 称为内插函数。

　　2) 由 $X(k)$ 恢复 $X(z)$ 的内插公式的频域形式

　　如果 $X(z)$ 在单位圆上收敛，令 $z = e^{j\omega}$，则

$$\varphi_k(\omega) = \varphi_k(z) \Big|_{z = e^{j\omega}} = \frac{1}{N} \frac{1 - e^{-j\omega N}}{1 - e^{-j(\omega - 2k\pi/N)}} \tag{3.3.12}$$

$$X(\omega) = \sum_{k=0}^{N-1} X(k) \varphi_k(z) \Big|_{z = e^{j\omega}} = \sum_{k=0}^{N-1} X(k) \varphi_k(\omega) \tag{3.3.13}$$

令

$$\varphi(\omega) = \frac{1}{N} \frac{\sin(\omega N/2)}{\sin(\omega/2)} e^{-j\omega(\frac{N-1}{2})} \tag{3.3.14}$$

则

$$X(\omega) = \sum_{k=0}^{N-1} X(k) \varphi_k(z) \Big|_{z = e^{j\omega}} = \sum_{k=0}^{N-1} X(k) \varphi\left(\omega - \frac{2\pi k}{N}\right) \tag{3.3.15}$$

3.4 快速傅里叶变换(FFT)算法

3.4.1 快速傅里叶变换(FFT)基本算法

1. 时域复序列 $x(n)$ 的 DFT 的计算量估计

长度为 N 的时域复序列 $x(n)$ 的 N 点 DFT 定义为

$$X(k) = \sum_{n=0}^{N-1} x(n) W_N^{kn} = \sum_{n=0}^{N-1} x(n) e^{-j\frac{2\pi}{N} kn}, \ k = 0, 1, 2, \cdots, N-1 \tag{3.4.1}$$

式中，W_N^{kn} 称为旋转因子。计算一个 k 值对应的 $X(k)$ 需要 N 次复数乘法和 $N-1$ 次复数加法；计算 $k = 0, 1, 2, \cdots, N-1$ 的 N 个 k 值对应的 $X(k)$ 需要 N^2 次复数乘法和 $N(N-1)$ 次复数加法。当 N 较大时，$N(N-1) \approx N^2$，可以认为时域复序列的 N 点 DFT 需要 N^2 次复数乘法和 N^2 次复数加法运算。这个计算量是相当大的，因此在早期，当计算机性能还比较差的时候，离散傅里叶的计算几乎是不可能完成的任务。

　　1965 年，图基(Tuky)和库利(Coody)首次提出了傅里叶级数的一种算法，开创了傅里叶级数和 DFT 计算方法的研究之路，后来经过不断改进，形成了现在的快速傅里叶变换(FFT)算法。FFT 算法多种多样，但其基本的思路都是将长序列分成短序列计算 DFT，计算量得到

了大幅降低。例如，对一个 $2N$ 长的复序列，直接计算 DFT 的计算量为 $(2N)=4N^2$，如果将其分成两个长度均为 N 的复序列计算 DFT 的计算量为 $2N^2$，计算量减少了一半；如果分成 4 个等长的序列，DFT 的计算量更低。分的序列越多，序列越短，计算量越小。

另外，旋转因子 W_N^{kn} 是以 N 为周期的周期函数，并且具有以下的对称性：

$$W_N^{-m} = W_N^{N-m}$$
$$W_N^m = (W_N^{N-m})^*$$
$$-W_N^m = W_N^{N/2+m}$$

利用旋转因子 W_N^{kn} 的这些对称性，可以进一步减少 DFT 的计算量。

最常用的快速傅里叶算法是基- 2 FFT（$N=2^M$ 的 FFT）。

2. 快速傅里叶变换(FFT)基本算法介绍

FFT 基本算法可分为两类：一类称为时域抽取法 FFT（Decimation-In-Time FFT，DIT-FFT），另一类称为频域抽取法 FFT（Decimation-In-Frequency FFT，DIF-FFT）。

1) DIT-FFT

如果序列 $x(n)$ 的长度 $N=2^M$（M 为正整数），将序列 $x(n)$ 分成两个子序列 $x(2r)$ 和 $x(2r+1)$，$r=0, 1, 2, \cdots, N/2-1$。设

$$x_1(r) = x(2r)$$
$$x_2(r) = x(2r+1)$$

则

$$
\begin{aligned}
X(k) &= \sum_{n=0}^{N-1} x(n) W_N^{kn} = \sum_{n=0}^{N/2-1} x(2r) W_N^{k2r} + \sum_{n=0}^{N/2-1} x(2r+1) W_N^{k(2r+1)} \\
&= \sum_{n=0}^{N/2-1} x_1(r) W_N^{2kr} + W_N^k \sum_{n=0}^{N/2-1} x_2(r) W_N^{2kr}
\end{aligned}
$$

考虑到

$$W_N^{2kr} = \mathrm{e}^{-\mathrm{j}\frac{2\pi}{N}2kr} = \mathrm{e}^{-\mathrm{j}\frac{2\pi}{N/2}kr} = W_{N/2}^{kr}$$

则

$$
\begin{aligned}
X(k) &= \sum_{n=0}^{N/2-1} x_1(r) W_N^{2kr} + W_N^k \sum_{n=0}^{N/2-1} x_2(r) W_N^{2kr} \\
&= \sum_{n=0}^{N/2-1} x_1(r) W_{N/2}^{kr} + W_N^k \sum_{n=0}^{N/2-1} x_2(r) W_{N/2}^{kr} \\
&= \mathrm{DFT}(x_1(r)) + W_N^k \mathrm{DFT}(x_2(r)) \\
&= X_1(k) + W_N^k X_2(k), \quad k = 0, 1, 2, \cdots, N-1 \qquad (3.4.2)
\end{aligned}
$$

为了进一步降低式(3.4.2)的计算量，将 $X(k)$ 的计算分以下两步完成：

(1) 按式(3.4.2)计算 $k=0, 1, 2, \cdots, N/2-1$ 的 $X(k)$值，此时

$$X(k) = X_1(k) + W_N^k X_2(k), \quad k = 0, 1, 2, \cdots, N/2-1 \qquad (3.4.3)$$

(2) 按式(3.4.2)计算 $k=N/2, N/2+1, \cdots, N-1$ 的 $X(k)$值，令 $k=N/2+m$，考虑到 $X_1(k)$ 和 $X_2(k)$ 均是以 $N/2$ 为周期的函数，且 $W_N^{\frac{N}{2}+m} = -W_N^m$，则

$$
\begin{aligned}
X\left(\frac{N}{2}+m\right) &= X_1\left(\frac{N}{2}+m\right) + W_N^{\frac{N}{2}+m} X_2\left(\frac{N}{2}+m\right) \\
&= X_1(m) - W_N^m X_2(m), \quad m = 0, 1, 2, \cdots, N/2-1 \qquad (3.4.4)
\end{aligned}
$$

将 m 换成 k，则式(3.4.4)写作

$$X\left(\frac{N}{2}+k\right)= X_1(k)-W_N^k X_2(k),\ k=0,1,2,\cdots,N/2-1 \tag{3.4.5}$$

考察比较式(3.4.3)和式(3.4.5)可知，计算 $X(k)$ 和 $X\left(\dfrac{N}{2}+k\right)$ 均需要先计算 $X_1(k)$、$X_2(k)$ 和 W_N^k。设 $A=X_1(k)$，$B=X_2(k)$，$C=W_N^k$，则对每一个 k 值有

$$X(k)= A+CB \tag{3.4.6}$$

$$X\left(\frac{N}{2}+k\right)= A-CB \tag{3.4.7}$$

式(3.4.6)和式(3.4.7)用符号流图表示如图3.4.1所示。因为这种符号流图形状像蝴蝶，所以称为蝶形运算符号。

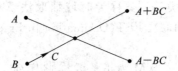

图 3.4.1　DIT-FFT 蝶形运算符号

上述由长度 $N=2^M$（M 为正整数）的序列 $x(n)$ 计算 $X(k)$ 的方法称为基-2 DIT-FFT，计算步骤归纳如下：

(1) 将序列 $x(n)$ 按 n 的奇偶性质分为两个长度 $N=2^{M-1}$ 的子序列 $x_1(r)$ 和 $x_2(r)$，分别计算 $x_1(r)$ 和 $x_2(r)$ 的离散傅里叶变换 $X_1(k)$ 和 $X_2(k)$。

(2) 按式(3.4.6)和式(3.4.7)计算 $X(k)$。

上述过程对序列 $x(n)$ 只进行一次分解，分解为长度为 $N=2^{M-1}$ 的子序列 $x_1(r)$ 和 $x_2(r)$，分别计算 $X_1(k)$ 和 $X_2(k)$。按上述两步计算 $X(k)$ 的方法称为基-2 DIT-FFT 的一次分解算法。显然，计算过程中前次分解得到的子序列还可以进一步分解为更短的子序列，按上述两步分别计算其 DFT，直到子序列只包含两个数。

当 $N=8$ 时，计算 $X(k)$ 的一次分解基-2 DIT-FFT 的过程如图3.4.2所示。

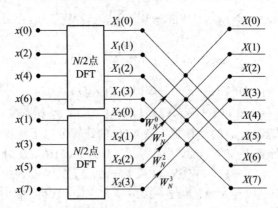

图 3.4.2　当 $N=8$ 时，基-2 DIT-FFT 的一次分解计算过程图

图3.4.2为当 $N=8$ 时计算 $X(k)$ 的一次分解基-2 DIT-FFT 的过程。可以对一次分解形成的子序列 $x_1(r)$ 和 $x_2(r)$ 分别再进行独立分解，称为二次分解基-2 DIT-FFT。将序列

$x_1(r)$ 分成 $x_3(l)$ 和 $x_4(l)$，将序列 $x_2(r)$ 分成 $x_5(l)$ 和 $x_6(l)$，计算 $x_3(l)$、$x_4(l)$、$x_5(l)$ 和 $x_6(l)$ 的离散傅里叶变换 $X_3(k)$、$X_4(k)$、$X_5(k)$ 和 $X_6(k)$。按一次分解相同的方法，可以得到蝶形计算公式为

$$X_1(k) = X_3(k) + W_{N/2}^k X_4(k), \quad k = 0, 1, 2, \cdots, N/4 - 1 \tag{3.4.8}$$

$$X_1(k + N/4) = X_3(k) - W_{N/2}^k X_4(k), \quad k = 0, 1, 2, \cdots, N/4 - 1 \tag{3.4.9}$$

$$X_2(k) = X_5(k) + W_{N/2}^k X_6(k), \quad k = 0, 1, 2, \cdots, N/4 - 1 \tag{3.4.10}$$

$$X_2(k + N/4) = X_5(k) - W_{N/2}^k X_6(k), \quad k = 0, 1, 2, \cdots, N/4 - 1 \tag{3.4.11}$$

当 $N=8$ 时，计算 $X(k)$ 的二次分解基-2 DIT-FFT 的过程如图 3.4.3 所示。

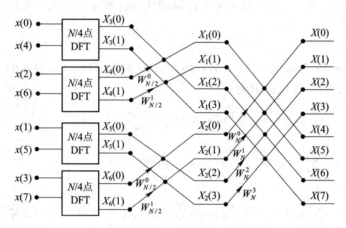

图 3.4.3　当 $N=8$ 时，基-2 DIT-FFT 的二次分解计算过程图

依次类推，经过 $M-1$ 次分解，可以将 N 点 DFT 分解为 $N/2$ 个 2 点 DFT 进行计算，称为一个完整的 N 点基-2 DIT-FFT 的过程。当 $N=8$ 时，经过二次分解就可以将 8 点 DFT 分解为 4 个 2 点 DFT 进行计算，即当 $N=8$ 时，计算 DFT 的二次分解基-2 DIT-FFT 就是一个完整的基-2 DIT-FFT 过程，如图 3.4.3 所示。当 $N=8$ 时，一个完整的基-2 DIT-FFT 过程还可以用蝶形运算流图表示，如图 3.4.4 所示。

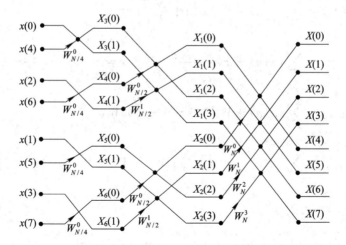

图 3.4.4　当 $N=8$ 时，基-2 DIT-FFT 的完整计算过程图

由图 3.4.4 可以看到，当 $N=2^M$ 时，一个完整的运算流图有 $M=\mathrm{lb}N$ 级蝶形，每一级

有 $N/2$ 个蝶形运算。由于每个蝶形运算需要两次复数加法和一次复数乘法，因此每一级运算需要 N 次复数加法和 $N/2$ 次复数乘法。因此，一个完整的基-2 DIT-FFT 流图的 M 级运算需要的复数乘法 C_M 和复数加法次数 C_A 分别为

$$C_M = \frac{N}{2} \cdot M = \frac{N}{2}\mathrm{lb}N$$

$$C_A = N \cdot M = N\mathrm{lb}N$$

而直接按定义计算一个 N 点 DFT 的复数乘法为 N^2 次，复数加法为 $N(N-1)$ 次。当 N 很大时，基-2 DIT-FFT 算法的计算量比直接按定义计算一个 N 点 DFT 的计算量大幅减小。应该指出，由于计算乘法的计算量远大于计算加法的计算量，因此一般用乘法的计算次数估计计算量。

2) DIF-FFT

如果序列 $x(n)$ 的长度 $N=2^M$（M 为正整数），首先将序列 $x(n)$ 按 n 的大小对分成前后两个子序列计算 DFT，可以表示为

$$\begin{aligned}
X(k) = \mathrm{DFT}(x(n)) &= \sum_{n=0}^{N-1}x(n)W_N^{kn} = \sum_{n=0}^{N/2-1}x(n)W_N^{kn} + \sum_{n=N/2}^{N-1}x(n)W_N^{kn} \\
&= \sum_{n=0}^{N/2-1}x(n)W_N^{kn} + \sum_{n=0}^{N/2-1}x(n+\frac{N}{2})W_N^{k(n+\frac{N}{2})} \\
&= \sum_{n=0}^{\frac{N}{2}-1}(x(n)+W_N^{k\frac{N}{2}}x(n+\frac{N}{2}))W_N^{kn},\ k=0,1,2,\cdots,N-1 \quad (3.4.12)
\end{aligned}$$

设 r 为自然数，由于

$$W_N^{k\frac{N}{2}} = \mathrm{e}^{-\mathrm{j}\frac{2\pi}{N}k\frac{N}{2}} = \mathrm{e}^{-\mathrm{j}\pi k} = \begin{cases} 1, & k=2r \\ -1, & k=2r+1 \end{cases} \quad (3.4.13)$$

所以将 $X(k)$ 按 k 的奇偶性分为奇数组和偶数组两组。偶数组 $k=2r$，用 $X(2r)$ 表示；奇数组 $k=2r+1$，用 $X(2r+1)$ 表示。$X(2r)$ 和 $X(2r+1)$ 分别为

$$\begin{aligned}
X(2r) &= \sum_{n=0}^{\frac{N}{2}-1}(x(n)+W_N^{rN}x(n+\frac{N}{2}))W_N^{2rn} \\
&= \sum_{n=0}^{\frac{N}{2}-1}(x(n)+x(n+\frac{N}{2}))W_{N/2}^{rn},\ r=0,1,\cdots,\frac{N}{2}-1 \quad (3.4.14-1)
\end{aligned}$$

$$\begin{aligned}
X(2r+1) &= \sum_{n=0}^{\frac{N}{2}-1}(x(n)+W_N^{(2r+1)\frac{N}{2}}x(n+\frac{N}{2}))W_N^{(2r+1)n} \\
&= \sum_{n=0}^{\frac{N}{2}-1}(x(n)-x(n+\frac{N}{2}))W_N^n \cdot W_{N/2}^{rn},\ r=0,1,\cdots,\frac{N}{2}-1
\end{aligned}$$

$$(3.4.14-2)$$

令

$$x_1(n) = x(n)+x(n+\frac{N}{2}),\ n=0,1,\cdots,\frac{N}{2}-1 \quad (3.4.15-1)$$

$$x_2(n) = (x(n)-x(n+\frac{N}{2}))W_N^n,\ n=0,1,\cdots,\frac{N}{2}-1 \quad (3.4.15-2)$$

因此

$$X(2r) = \sum_{n=0}^{\frac{N}{2}-1} x_1(n) W_{N/2}^m = \mathrm{DFT}(x_1(n)), \ r = 0, 1, \cdots, \frac{N}{2}-1 \ (3.4.16-1)$$

$$X(2r+1) = \sum_{n=0}^{\frac{N}{2}-1} x_2(n) W_{N/2}^m = \mathrm{DFT}(x_2(n)), \ r = 0, 1, \cdots, \frac{N}{2}-1$$

$$(3.4.16-2)$$

这样就将长序列 $x(n)$ 的 N 点 DFT 的计算转化为两个子序列的 $N/2$ 点 DFT 的计算。序列 $x(n)$、$x_1(n)$ 和 $x_2(n)$ 的关系可以用蝶形运算流图表示,如图 3.4.5 所示。

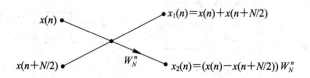

图 3.4.5　DIF-FFT 蝶形运算流图

上述由长度 $N=2^M$(M 为正整数)的序列 $x(n)$ 计算 $X(k)$ 的方法称为基- 2 DIF-FFT,计算步骤归纳如下:

(1) 将序列 $x(n)$ 按式(3.4.15 - 1)和式(3.4.15 - 2)分为两个长度为 $N=2^{M-1}$ 的子序列 $x_1(n)$ 和 $x_2(n)$,分别计算 $x_1(n)$ 和 $x_2(n)$ 的离散傅里叶变换 $X_1(k)$ 和 $X_2(k)$。

(2) 按式(3.4.16 - 1)和式(3.4.16 - 2)计算 $X(k)$ 的偶数组和奇数组。

上述过程对序列 $x(n)$ 只进行一次分解,分解为长度 $N=2^{M-1}$ 的子序列 $x_1(n)$ 和 $x_2(n)$,分别计算 $X_1(k)$ 和 $X_2(k)$。按上述两步计算 $X(k)$ 的方法称为基- 2 DIF-FFT 的一次分解算法。显然,计算过程中前次分解得到的子序列还可以进一步分解为更短的子序列,按上述两步分别计算其 DFT,直到子序列只包含两个数。p 次分解算法的计算量可降至直接 DFT 计算量的 $N^2/2^p$。

当 $N=8$ 时,计算 $X(k)$ 的一次分解基- 2 DIF-FFT 的过程如图 3.4.6 所示。

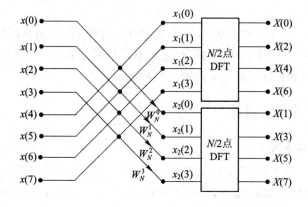

图 3.4.6　当 $N=8$ 时,基- 2 DIF-FFT 的一次分解计算过程图

依次类推,经过 $M-1$ 次分解,可以将 N 点 DFT 分解为 $N/2$ 个 2 点 DFT 进行计算,

称为一个完整的 N 点基-2 DIF-FFT 的过程。当 N=8 时，经过 2 次分解就可以将 8 点 DFT 分解为 4 个 2 点 DFT 进行计算，即当 N=8 时，计算 DFT 的二次分解基-2 DIF-FFT 就是一个完整的基-2 DIF-FFT 过程，如图 3.4.7 所示。当 N=8 时，一个完整的基-2 DIF-FFT 过程还可以用蝶形运算流图表示，如图 3.4.8 所示。

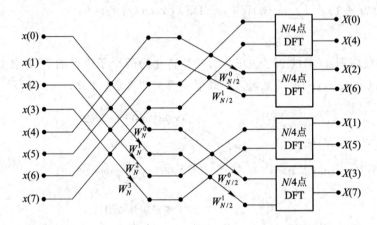

图 3.4.7 当 N=8 时，基-2 DIF-FFT 的二次分解计算过程图

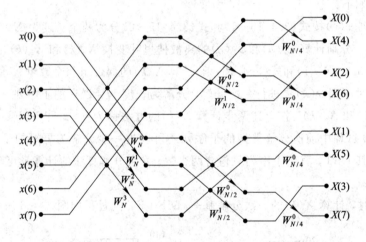

图 3.4.8 为 N=8 时，一个完整的基-2 DIF-FFT 计算过程图

应该指出，上述两种 FFT 算法的信号流图不是不可变的。在计算的过程中，可以按照实际需要做局部的调整，只要有切实的理论依据即可。

3.4.2 FFT 算法的改进措施

1. 多类蝶形运算单元

对于一个完整的 DIT-FFT 运算流图 3.4.4，从左向右第一级的旋转因子为 $W_N^0=1$，不需要乘法运算，第二级的旋转因子为 $W_N^0=1$ 和 $W_N^{N/4}=-\mathrm{j}$，也不需要乘法运算，对其值为 ±1 和 $\pm\mathrm{j}$ 的旋转因子，不需要乘法运算，只需直接对被乘复数的实部和虚部进行简单的操作即可。而由于 $(x+\mathrm{j}y)W_N^{N/8}=\frac{\sqrt{2}}{2}(x+\mathrm{j}y)(1-\mathrm{j})=\frac{\sqrt{2}}{2}((x+y)+\mathrm{j}(y-x))$，因此通过简单的

实数运算，可以分别计算虚部和实部，计算量比复数乘法节省两次乘法运算。在 FFT 过程中，上述旋转因子的乘法采用对被乘复数的实部和虚部进行简单的操作处理，而不采用复数乘法运算可以形成四类蝶形算法。

在 FFT 的运算过程中，如果所有的旋转因子都采用复数乘法运算，则称为一类蝶形单元运算，若旋转因子为 $W_N^r = \pm 1$ 时不采用复数乘法运算，则称为二类蝶形运算，若旋转因子为 $W_N^r = \pm 1$ 和 $W_N^r = \pm j$ 时均不采用复数乘法运算，则称为三类蝶形运算，若旋转因子为 $W_N^r = \pm 1$、$W_N^r = \pm j$ 和 $W_N^m = (1-j)\sqrt{2}/2$ 时均不采用复数乘法运算，则称为四类蝶形运算。后三种称为多类蝶形单元算法，蝶形单元类型越多，乘法计算量越少，总计算量越少。当 N 较大时，减少的计算量相当可观。

2. 旋转因子的产生

旋转因子的实部和虚部均为正弦函数，求其值的计算量很大，可以采用查表法，将旋转因子的实部和虚部提前确定并存储在数组中，计算 FFT 时直接调用即可节省计算量。

3. 实序列的 FFT

实际中常见的序列 $x(n)$ 为实数。如果不做特殊处理，计算时将实数作为虚部为零的复数进行乘法运算，这样会增加计算量。为了减少计算量，普遍采用的方法是将序列 $x(n)$ 分为两部分，一部分作为实部，另一部分作为虚部，形成一个新的复数序列，计算新的复数序列的 FFT，然后根据 DFT 的共轭对称性得到序列 $x(n)$ 的 DFT。具体步骤如下：

对于 N 点实序列 $x(n)$，以 n 的偶数点和奇数点作为数部和虚部，构造一个新的复序列 $y(n)$，即令

$$x_1(r) = x_1(2n)$$
$$x_2(r) = x_1(2n+1)$$
$$y(r) = x_1(r) + jx_2(r), \quad r = 0, 1, 2, \cdots, N/2 - 1$$

设

$$X(k) = \mathrm{DFT}(x(n)), \quad k = 0, 1, 2, \cdots, N - 1$$
$$X_1(k) = \mathrm{DFT}(x_1(r)), \quad k = 0, 1, 2, \cdots, N/2 - 1$$
$$X_2(k) = \mathrm{DFT}(x_2(r)), \quad k = 0, 1, 2, \cdots, N/2 - 1$$
$$Y(k) = \mathrm{DFT}(y(r)), \quad k = 0, 1, 2, \cdots, N/2 - 1$$

则

$$X_1(k) = Y_e(k), \quad k = 0, 1, 2, \cdots, N/2 - 1$$
$$X_2(k) = -jY_o(k), \quad k = 0, 1, 2, \cdots, N/2 - 1$$

根据式(3.4.3)，得

$$X(k) = X_1(k) + W_N^k X_2(k), \quad k = 0, 1, 2, \cdots, N/2 - 1$$

考虑到 $x(n)$ 为实序列，可得

$$X(N-k) = X^*(k), \quad k = 0, 1, 2, \cdots, N/2 - 1$$

此算法的效率是 $\eta = 2\mathrm{lb}N/(\mathrm{lb}N+1)$，当 N 较大时，运算速度提高约一倍。

4. 分裂基 FFT

基-2 FFT 每一次将序列分成 2 个子序列，基-4 FFT 每一次将序列分成 4 个子序列，基-k FFT 每一次将序列分成 k 个子序列。从理论上讲，基数越大，计算量越小，但 FFT 算

法的程序越复杂。法国学者多美尔(Dohamel)和豪尔门(Hollmann)提出了分裂基 FFT 算法。这种算法将基-2 和基-4 分解思想混合并用,进一步降低了 FFT 的计算量,并且计算过程简单,程序并不复杂,是一种实用而高效的 FFT 算法。

分裂基 FFT 具体的实施步骤这里不再介绍,有兴趣的读者可以查阅相关资料。

5. 离散哈莱特变换(DHT)

离散哈莱特变换(DHT)是一种实数域变换,比复数域变换的 FFT 节省存储空间,运算效率提高近一倍,而且序列的 DHT 和 DFT 可以通过简单的运算互相转换,受到了普遍关注。

1) 离散哈莱特变换(DHT)的定义

实序列 $x(n)$, $n=0, 1, 2, \cdots, N-1$ 的离散哈莱特变换定义为

$$X_H(k) = \text{DHT}(x(n)) = \sum_{n=0}^{N-1} x(n) \text{cas}\left(\frac{2\pi}{N}kn\right), \quad k = 0, 1, 2, \cdots, N-1$$

(3.4.17)

式中,$\text{cas}(\alpha) = \cos\alpha + \sin\alpha$。

$X_H(k)$ 的逆变换定义为

$$x(n) = \text{IDHT}(X_H(k)) = \frac{1}{N}\sum_{k=0}^{N-1} X_H(k) \text{cas}\left(\frac{2\pi}{N}kn\right), \quad n = 0, 1, 2, \cdots, N-1$$

(3.4.18)

式(3.4.18)的证明如下:

由于

$$\sum_{k=0}^{N-1} \text{cas}\left(\frac{2\pi}{N}kn\right)\text{cas}\left(\frac{2\pi}{N}km\right) = \sum_{k=0}^{N-1}\left(\cos\left(\frac{2\pi}{N}kn\right) + \sin\left(\frac{2\pi}{N}kn\right)\right)\left(\cos\left(\frac{2\pi}{N}km\right) + \sin\left(\frac{2\pi}{N}km\right)\right)$$

$$= \sum_{k=0}^{N-1}\left(\cos\left(\frac{2\pi}{N}k(n-m)\right) + \sin\left(\frac{2\pi}{N}k(n+m)\right)\right)$$

$$= \begin{cases} N, & n = m \\ 0, & n \neq m \end{cases} = N\delta(n-m)$$

将式(3.4.17)代入式(3.4.18),得

$$\frac{1}{N}\sum_{k=0}^{N-1}\sum_{m=0}^{N-1} x(m)\text{cas}\left(\frac{2\pi}{N}km\right)\text{cas}\left(\frac{2\pi}{N}kn\right) = \frac{1}{N}\sum_{m=0}^{N-1} x(m)\sum_{k=0}^{N-1}\text{cas}\left(\frac{2\pi}{N}km\right)\text{cas}\left(\frac{2\pi}{N}kn\right)$$

$$= \frac{1}{N}\sum_{m=0}^{N-1} x(m) \cdot N\delta(m-n)$$

$$= x(n)$$

2) DHT 和 DFT 的关系

对于 DFT,有

$$X(k) = \text{DFT}(x(n)) = \sum_{n=0}^{N-1} x(n)e^{-j\frac{2\pi}{N}kn} = \sum_{n=0}^{N-1} x(n)\left(\cos\left(\frac{2\pi}{N}kn\right) - j\sin\left(\frac{2\pi}{N}kn\right)\right)$$

(3.4.19-1)

$$x(n) = \text{IDFT}(X(k)) = \sum_{n=0}^{N-1} X(k)e^{j\frac{2\pi}{N}kn} = \sum_{n=0}^{N-1} X(k)\left(\cos\left(\frac{2\pi}{N}kn\right) + j\sin\left(\frac{2\pi}{N}kn\right)\right)$$

(3.4.19-2)

在式(3.4.19 - 1)和式(3.4.19 - 2)中，将 $e^{j\frac{2\pi}{N}kn}$ 称为核函数。显然，DHT 的核函数 $\mathrm{cas}\left(\frac{2\pi}{N}kn\right)$ 是 $e^{j\frac{2\pi}{N}kn}$ 的实部和虚部的和。

设 $X_{\mathrm{He}}(k)$ 和 $X_{\mathrm{Ho}}(k)$ 分别为 $X_{\mathrm{H}}(k)$ 的偶对称分量和奇对称分量，则

$$X_{\mathrm{H}}(k) = X_{\mathrm{He}}(k) + X_{\mathrm{Ho}}(k) \tag{3.4.20}$$

$$X_{\mathrm{He}}(k) = \frac{1}{2}(X_{\mathrm{H}}(k) + X_{\mathrm{H}}(N-k)) \tag{3.4.21}$$

$$X_{\mathrm{Ho}}(k) = \frac{1}{2}(X_{\mathrm{H}}(k) - X_{\mathrm{H}}(N-k)) \tag{3.4.22}$$

由 DHT 的定义，可得

$$X_{\mathrm{He}}(k) = \sum_{n=0}^{N-1} x(n)\cos\left(\frac{2\pi}{N}kn\right) \tag{3.4.23 - 1}$$

$$X_{\mathrm{Ho}}(k) = \sum_{n=0}^{N-1} x(n)\sin\left(\frac{2\pi}{N}kn\right) \tag{3.4.23 - 2}$$

因此，DFT 可以表示为

$$X(k) = X_{\mathrm{He}}(k) - \mathrm{j}X_{\mathrm{Ho}}(k) = \frac{1}{2}(X_{\mathrm{H}}(k) + X_{\mathrm{H}}(N-k)) - \frac{1}{2}\mathrm{j}(X_{\mathrm{H}}(k) - X_{\mathrm{H}}(N-k))$$

$$\tag{3.4.24}$$

而 DHT 可以表示为

$$X_{\mathrm{H}}(k) = \mathrm{Re}(X(k)) - \mathrm{Im}(X(k)) \tag{3.4.25}$$

显然，通过简单的加法运算就可以由式(3.4.24)计算 DFT。

3) DHT 的性质

设 $X_{\mathrm{H}}(k) = \mathrm{DHT}(x(n))$。

性质 1(线性性质)
$$\mathrm{DHT}(ax_1(n) + bx_2(n)) = a\mathrm{DHT}(x_1(n)) + b\mathrm{DHT}(x_2(n)) \tag{3.4.26}$$

性质 2($x(N-n)$ 的 DHT)
$$\mathrm{DHT}(x(N-n)) = \sum_{n=0}^{N-1} x(n)\left(\cos\left(\frac{2\pi}{N}kn\right) - \sin\left(\frac{2\pi}{N}kn\right)\right) \tag{3.4.27}$$

性质 3(DHT 的循环移位性质) 设以序列 $x(n)$ 的长度 N 为周期、以 $x(n)$ 为主值序列的周期序列为 $x_N(n)$，则

$$\mathrm{DHT}(x_N(n-n_0)R_N(n)) = X_{\mathrm{H}}(k)\cos\left(\frac{2\pi}{N}kn_0\right) + X_{\mathrm{H}}(N-k)\sin\left(\frac{2\pi}{N}kn_0\right)$$

$$\tag{3.4.28 - 1}$$

$$\mathrm{DHT}(x_N(n+n_0)R_N(n)) = X_{\mathrm{H}}(k)\cos\left(\frac{2\pi}{N}kn_0\right) - X_{\mathrm{H}}(N-k)\sin\left(\frac{2\pi}{N}kn_0\right)$$

$$\tag{3.4.28 - 2}$$

性质 4(奇偶性) 奇对称序列的 DHT 仍为奇对称序列，偶对称序列的 DHT 仍为偶对称序列。

性质 5(循环卷积定理) 设 $X_{1\mathrm{H}}(k) = \mathrm{DHT}(x_1(n))$，$X_{2\mathrm{H}}(k) = \mathrm{DHT}(x_2(n))$，则

$$\mathrm{DHT}(x_1(n)\circledast x_2(n)) = X_{2\mathrm{H}}(k)X_{1\mathrm{He}}(k) + X_{2\mathrm{H}}(N-k)X_{1\mathrm{Ho}}(k) \tag{3.4.29 - 1}$$

$$\mathrm{DHT}(x_2(n)\circledast x_1(n)) = X_{1\mathrm{H}}(k)X_{2\mathrm{He}}(k) + X_{1\mathrm{H}}(N-k)X_{2\mathrm{Ho}}(k) \tag{3.4.29 - 2}$$

DHT 的性质均可以通过其定义式证明，这里不再给出证明过程。

4) DHT 的快速算法 FHT

与 FFT 类似，可以将序列 $x(n)$，$n=0,1,2,\cdots,N-1$ 进行分解，形成短的序列，进而实现快速 FHT。分解的方法与 FFT 类似，有基-2、基-4 和分裂基算法。基-2 分解有时域分解和频域分解两种方式，形成了基-2 DIT-FHT 和基-2 DIF-FHT，具体的实施步骤这里不再介绍，有兴趣的读者可以查阅相关资料。

3.4.3　FFT 的应用

FFT 被广泛应用于通信、信号处理、系统分析、频谱分析、数值分析等领域。本节介绍各种应用中涉及的三种基本计算。

1. 利用 FFT 计算 IDFT

用 FFT 可以实现 IDFT 的快速算法，称为快速傅里叶逆变换，简称 IFFT。

1) 利用 FFT 的计算流图实现 IDFT

DFT 和 IDFT 变换对为

$$X(k) = \text{DFT}(x(n)) = \sum_{n=0}^{N-1} x(n) W_N^{kn},\ k = 0,1,2,\cdots,N-1 \quad (3.4.30-1)$$

$$x(n) = \text{IDFT}(X(k)) = \frac{1}{N} \sum_{k=0}^{N-1} X(k) W_N^{-kn},\ n = 0,1,2,\cdots,N-1 \quad (3.4.30-2)$$

显然，DFT 计算公式中只要将旋转因子 W_N^{kn} 改成 W_N^{-kn}，取 $W_N^{-kn} = (W_N^{kn})^*$，即可用 FFT 流图计算 IDFT。另外，为了防止数据在计算过程中由于太小而溢出，计算时在每一级蝶形运算时均乘以系数因子 $1/2$，共 $M=\text{lb}N$ 级，总的系数因子为 $\frac{1}{2^M} = \frac{1}{N}$，正好实现了式 $(3.4.30-2)$ 中的系数 $1/N$。IFFT 的蝶形算法信号流图如图 3.4.9 所示。

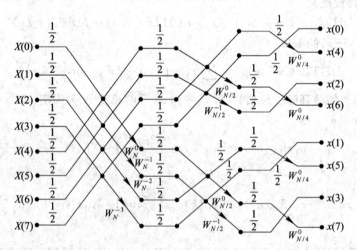

图 3.4.9　当 $N=8$ 时，基-2 DIT-IFFT 的完整蝶形算法过程图

2) 直接调用 FFT 函数计算 IDFT

由式 $(3.4.30-2)$，得

$$x^*(n) = \frac{1}{N} \sum_{k=0}^{N-1} X^*(k) W_N^{kn} = \frac{1}{N} \text{DFT}(X^*(k)),\ n = 0,1,2,\cdots,N-1 \quad (3.4.31)$$

因此

$$x(n) = \frac{1}{N} (\text{DFT}(X^*(k)))^* , \ n = 0, 1, 2, \cdots, N-1 \qquad (3.4.32)$$

因此计算 IDFT 可以通过计算 $X^*(k)$ 的 DFT，然后取共轭，再乘系数 $1/N$。

2. 利用 FFT 计算循环卷积和线性卷积

1) 利用 FFT 计算循环卷积

3.2 节离散序列的时域循环卷积定理描述如下：

设序列 $x_1(n)$ 的长度为 N_1，序列 $x_2(n)$ 的长度为 N_2，$N \geqslant \max[N_1, N_2]$，以序列 $x_1(n)$ 和 $x_2(n)$ 为主值序列、以 N 为周期的周期序列为 $x_{1N}(n)$ 和 $x_{2N}(n)$。序列 $x_1(n)$ 和 $x_2(n)$ 的 N 点 DFT 为 $X_1(k)$ 和 $X_2(k)$，$k=0, 1, 2, \cdots, N-1$。如果

$$x(n) = x_1(n) \circledast x_2(n) = \sum_{m=0}^{N-1} x_1(m) x_{2N}(n-m) R_N(n) \qquad (3.4.33-1)$$

则

$$X(k) = X_1(k) \cdot X_2(k), \ k = 0, 1, 2, \cdots, N-1 \qquad (3.4.33-2)$$

由离散序列的时域循环卷积定理可知，计算两个序列的循环卷积可以在时域按式 (3.4.33-1) 直接计算，也可以按图 3.4.10 先在频域计算卷积序列的 DFT，再通过 IDFT 得到最终的时域卷积结果。当序列比较短时，在时域直接计算循环卷积是可行的，但当序列很长时，在时域计算循环卷积的计算量很大，常用图 3.4.10 的方法在频域计算循环卷积的 DFT，再通过 IDFT 得到最终的时域卷积结果。DFT 和 IDFT 均可以用 FFT 计算。

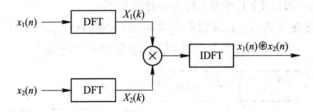

图 3.4.10　频域计算循环卷积过程图

2) 利用 FFT 计算线性卷积

(1) 序列线性卷积的定义。

沿用循环卷积定理的相关设定，序列 $x_1(n)$ 和 $x_2(n)$ 的线性卷积定义为

$$y(n) = x_1(n) * x_2(n) = \sum_{m=0}^{N-1} x_1(m) x_2(n-m), \ n = 0, 1, 2, \cdots, N_1 + N_2 - 1$$

$$(3.4.34)$$

显然，序列 $y(n)$ 的长度为 $L = N_1 + N_2 - 1$。

在实际应用中，经常需要计算序列的线性卷积，当序列短时，按 (3.4.34) 计算是可行的，但当序列长时，按式 (3.4.34) 计算线性卷积的计算量很大，因此希望能够通过循环卷积计算线性卷积，以便利用图 3.4.10 的方法在频域计算线性卷积。

应该指出，当 l 为整数时，在式 (3.4.34) 中，用 $n+lN$ 直接代替 n 可得

$$y(n+lN) = \sum_{m=0}^{N-1} x_1(m) x_2(n-m+lN) \qquad (3.4.35)$$

显然，$y(n+lN)$ 是 $y(n)$ 以周期 N 拓展的周期序列。

(2) 序列线性卷积和循环卷积的关系。

在式(3.4.33 - 1)中，$x_{2N}(n-m)$ 可以表示为

$$x_{2N}(n-m) = \sum_{l=-\infty}^{\infty} x_2(n-m+lN) \tag{3.4.36}$$

将式(3.4.36)代入式(3.4.33 - 1)中并考虑到式(3.4.35)，得

$$
\begin{aligned}
x(n) = x_1(n) \circledast x_2(n) &= \sum_{m=0}^{N-1} x_1(m) \Big(\sum_{l=-\infty}^{\infty} x_2(n-m+lN) \Big) R_N(n) \\
&= \sum_{m=0}^{N-1} \sum_{l=-\infty}^{\infty} x_1(m) x_2(n-m+lN) R_N(n) \\
&= \sum_{l=-\infty}^{\infty} \sum_{m=0}^{N-1} x_1(m) x_2(n-m+lN) R_N(n) \\
&= \sum_{l=-\infty}^{\infty} y(n+lN) R_N(n) \tag{3.4.37}
\end{aligned}
$$

式(3.4.37)表明，序列 $x_1(n)$ 和 $x_2(n)$ 的循环卷积 $x(n)$ 是其线性卷积 $y(n)$ 以 N 为周期延拓的周期序列的主值序列。考虑到 $y(n)$ 的长度为 L，只有当 $N \geqslant L$ 时，$y(n)$ 以 N 为周期延拓时才能无混叠。显然，由式(3.4.34)可知，当 $N \geqslant L$ 时，$y(n)$ 以 N 为周期延拓的周期序列的主值序列正是 $y(n)$，因此当 $N \geqslant L$ 时，有

$$y(n) = x(n), \quad n = 0, 1, 2, \cdots, N_1 + N_2 - 1; \quad N \geqslant N_1 + N_2 - 1 \tag{3.4.38}$$

在实际应用中，一般取 $N=L$，此时式(3.4.38)成立，线性卷积等于循环卷积。计算线性卷积可按图 3.4.10 通过 FFT 计算，称为快速卷积。

在实际采用快速卷积法时，先要使两个序列 $x_1(n)$ 和 $x_2(n)$ 的长度都成为 N，序列长度不足 N 的用零补齐，再采用循环卷积的处理方法。快速卷积法如图 3.4.11 所示。

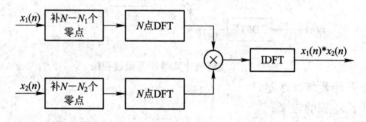

图 3.4.11　快速卷积法过程图

(3) 特殊情况下序列线性卷积的计算。

这里只考虑一种特殊情况，即当两个序列长度差别很大时，对短序列补零很多，长序列完整输入后才能计算，且当长序列很长甚至无限长时，会给计算造成很多困难，浪费大量时间，计算效率低。解决的方法是将长序列分段，再分段计算。

考虑极限情况，设序列 $x_1(n)$ 的长度为 N_1，$x_2(n)$ 为无限长度。将 $x_2(n)$ 分为长度为 M 的小段，即

$$x_2(n) = \sum_{k=0}^{\infty} x_2^{(k)}(n)$$

式中：

$$x_2^{(k)}(n) = x_2(n) \cdot R_M(n-kM)$$

则

$$y(n) = x_1(n) * x_2(n) = x_1(n) * \sum_{k=0}^{\infty} x_2^{(k)}(n) = \sum_{k=0}^{\infty} x_1(n) * x_2^{(k)}(n) = \sum_{k=0}^{\infty} y_k(n)$$

(3.4.39)

式中：

$$y_k(n) = x_1(n) * x_2^{(k)}(n)$$

按照式(3.4.39)，先计算分段卷积 $y_k(n) = x_1(n) * x_2^{(k)}(n)$，再把各段相加。注意 $y_k(n)$ 的长度为 $N_1 + M - 1$，$y_k(n)$ 和 $y_{k+1}(n)$ 之间有重叠，需要将重叠部分相加才能得到正确的结果。

3. 利用 FFT 对信号进行频谱分析

对信号进行频谱分析就是对时域信号进行傅里叶变换，分析信号的频域特征。频谱分析需要进行复杂的复数运算，人工难以完成，只能借助计算机。因为计算机只能处理离散数字信号，所以只能实现 DFT 和 IDFT 运算及其快速 FFT 算法。

1) 用 FFT 对连续时间信号进行频谱分析

连续时间信号不能被计算机直接处理，需要对其采样量化后再用 FFT 进行处理。按照傅里叶理论，有限长时间信号的频谱无限宽，有限宽频谱信号的持续时间无限长。但用计算机计算 FFT 只能对信号在有限时长和有限频谱范围内进行分析，因此在实际应用中，对频谱范围很宽的信号，在采样前先要用预滤波器对信号进行滤波，滤波的目的是限制信号的带宽，滤除幅度小的高频成分，使信号的带宽满足采样定理的要求。与此类似，对持续时间很长的信号，只能截取有限点进行 FFT。综合来看，用 FFT 分析信号的频谱必然存在误差，只能是近似分析，近似的程度取决于信号带宽、采样速率和截取的信号时长等因素。

应该指出，虽然用 FFT 分析信号频谱存在误差，但只要对信号进行合理的预处理，进行 FFT 分析仍然可以得到满意的结果。

设连续时间信号 $x_a(t)$ 的持续时间为 T_p，最高频率为 f_c。$x_a(t)$ 的傅里叶变换为

$$X_a(f) = \mathrm{FT}(x_a(t)) = \int_{-\infty}^{\infty} x_a(t) \mathrm{e}^{-\mathrm{j}2\pi ft} \mathrm{d}t \tag{3.4.40}$$

对 $x_a(t)$ 以间隔 T 采样 N 点，采样频率 $f_s = \dfrac{1}{T} \geqslant 2f_c$，得到 $x(n) = x_a(nT)$。对式(3.4.40)作零阶近似($t = nT$, $\mathrm{d}t = T$)，得

$$X_a(f) = T \sum_{n=0}^{N-1} x_a(nT) \mathrm{e}^{-\mathrm{j}2\pi fnT} \tag{3.4.41}$$

显然，$X_a(f)$ 为周期函数，周期为 f_s。对 $X_a(f)$ 在 $f \in [0, f_s]$ 以间隔 F 采样 N 点，得

$$X_a(kF) = T \sum_{n=0}^{N-1} x_a(nT) \mathrm{e}^{-\mathrm{j}\frac{2\pi}{N}kn} \tag{3.4.42}$$

显然，$X_a(kF)$ 就是离散序列 $x(n) = x_a(nT)$ 的离散傅里叶变换 $X(k)$，因此

$$X_a(kF) = X(k) = T \sum_{n=0}^{N-1} x_a(n) \mathrm{e}^{-\mathrm{j}\frac{2\pi}{N}kn} = T \cdot \mathrm{DFT}(x(n)) \tag{3.4.43}$$

其中，参数之间具有以下关系

$$T_p = NT$$

$$F = \frac{f_s}{N} = \frac{1}{NT} = \frac{1}{T_p}$$

用类似的过程，由

$$x_a(t) = \text{IFT}(X_a(f)) = \int_{-\infty}^{\infty} X_a(f) e^{j2\pi ft} df \qquad (3.4.44)$$

可以推出

$$x_a(nT) = x(n) = F \sum_{k=0}^{N-1} X(k) e^{j\frac{2\pi}{N}kn}$$

$$= FN \left(\frac{1}{N} \sum_{k=0}^{N-1} X(k) e^{j\frac{2\pi}{N}kn} \right)$$

$$= \frac{1}{T} \text{IDFT}(X(k)) \qquad (3.4.45)$$

综上，连续信号的频谱可以通过对连续信号的采样信号进行 FFT 再扩大 T 倍求得，如式(3.4.43)所示；时域采样信号可以通过频域采样信号的 IFFT 再缩小 $1/T$ 求得，如式(3.4.45)所示。

如果信号是持续时间有限的带限信号，以奈奎斯特速率采样，可以由式(3.4.45)恢复采样信号，再由式(3.4.41)和式(3.4.44)得到完整连续的频谱信号 $X_a(f)$ 和 $x_a(t)$，不会丢失信息。但是 FFT 的结果仅是一些离散点的频谱 $X(k)$，而 $X(k)$ 是 $X_a(f)$ 的等间隔采样信号。从 $X(k)$ 看不到 $X_a(f)$ 的全部信息，这称为栅栏效应。

连续信号的频谱分析结果一般主要受两个因素的影响：一个是谱分析范围，另一个是频率分辨率。谱分析范围取决于频率上限 f_c，受采样频率 f_s 的限制，奈奎斯特采样定理要求 $f_c \leqslant f_s/2$。频率分辨率用 $X(k)$ 的频率间隔 F 描述。F 越小，$X(k)$ 越接近于 $X_a(f)$，栅栏效应越小。但 F 的选取并不是随意地越小越好，这是因为 $F = f_s/N$。由于奈奎斯特采样定理要求 $2f_c \leqslant f_s$，所以只有通过提高 N 才能降低 F。因为 $NT = T_p$，T 为采样周期不能改变，所以只能延长信号的观察时间 T_p，提高 N 而降低 F。一般来说，T_p 和 N 的选择应满足：

$$N \geqslant \frac{2f_c}{F}$$

$$T_p \geqslant \frac{1}{F}$$

例 3.4.1　对一个实信号进行谱分析，要求频率分辨率 $F \leqslant 2\,\text{Hz}$，信号上限频率 $f_c = 1\,\text{MHz}$，确定最小的信号观察时间 T_p、最大采样间隔 T 和最少的采样点数 N。

解
$$T_p \geqslant \frac{1}{F} = \frac{1}{2}\,\text{s} = 0.5\,\text{s}$$

$$f_c \leqslant \frac{f_s}{2} \Rightarrow f_s \geqslant 2f_c \Rightarrow T = \frac{1}{f_s} \leqslant \frac{1}{2f_c} = 0.5\,\mu\text{s}$$

$$N \geqslant \frac{2f_c}{F} = \frac{2\,\text{MHz}}{2\,\text{Hz}} = 10^6$$

2) 用 FFT 对序列进行频谱分析
由于

$$X(k) = \text{DFT}(x(n)) = X(\omega) \Big|_{\omega = \frac{2\pi}{N}k} \qquad (3.4.46)$$

因此可以用 FFT 分析序列的频谱。

3) Chirp-z 变换

长度为 N 的序列 $x(n)$ 的 z 变换为

$$X(z) = \sum_{n=0}^{N=1} x(n) z^{-n} \tag{3.4.47}$$

设 A、W 为复常数，令

$$z_k = AW^{-k}, \quad k = 0, 1, 2, \cdots, M-1 \tag{3.4.48}$$

则 z_k 对应的 z 变换称为序列 $x(n)$ 的 Chirp-z 变换，记作 CZT，即

$$X(z_k) = \text{CZT}(x(n)) = \sum_{n=0}^{N-1} x(n)(AW^{-k})^{-n} \tag{3.4.49}$$

考虑到

$$nk = \frac{1}{2}\big[n^2 + k^2 - (k-n)^2\big]$$

代入式(3.4.49)，并令

$$y(n) = x(n)A^{-n}W^{\frac{n^2}{2}}$$

$$h(n) = W^{-\frac{n^2}{2}}$$

则

$$X(z_k) = \text{CZT}(x(n)) = W^{\frac{k^2}{2}} \sum_{n=0}^{N-1} y(n)h(k-n)$$

$$= W^{\frac{k^2}{2}} y(k) * h(k), \quad k = 0, 1, 2, \cdots, M-1 \tag{3.4.50}$$

Chirp-z 变换过程如图 3.4.12 所示。

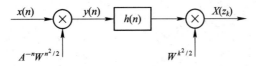

图 3.4.12　Chirp-z 变换过程图

显然，Chirp-z 变换中的线性卷积可以在频域用 FFT 完成。

4) FFT 的误差分析

产生谱分析误差有下面三种情况。

(1) 混叠现象。

当采样频率不满足奈奎斯特定律时，会产生频率混叠现象，此时频谱会出现误差。一般采样频率取信号上限频率的 3～5 倍，以避免产生频率混叠。

(2) 栅栏效应。

N 点 FFT 是在频率区间 $[0, 2\pi]$ 对信号频谱的等间隔采样，采样点之间的频谱值无法确定，称为栅栏效应。通过增加 N 或降低采样频率，可以减小栅栏效应。

(3) 截断效应。

当序列 $x(n)$ 无限长时，需要用矩形窗函数 $R_N(n)$ 将其截断成有限长序列，才能进行频谱分析。截断信号会对其频谱造成两个影响：一个称为泄漏，另一个称为谱间干扰。

泄漏指当原信号频谱是离散谱线时，截断后的信号的频谱不再是谱线，而变成以谱线

为中心向两侧展宽的谱图。泄漏会使频谱变模糊。

谱间干扰指频谱泄漏使相近的频谱互相干扰，造成误差。

因为泄漏和谱间干扰均由序列截断引起，所以称为截断效应。

3.5　MATLAB 应用举例——序列 DFT 的对称性验证

设 $W_N = e^{-j\frac{2\pi}{N}}$，按式(3.1.1)，长度为 M 的有限长离散时间序列 $x(n)(n=0,1,2,\cdots,$ $M-1)$ 的 N 点离散傅里叶变换(DFT)定义为

$$X(k) = \mathrm{DFT}(x(n)) = \sum_{n=0}^{N-1} x(n) W_N^{kn}, \ k = 0, 1, 2, \cdots, N-1$$

式中，N 称为 DFT 区间长度，$N \geqslant M$；$x(n) = 0(n = M, M+1, \cdots, N-1)$。

例 3.5.1　求序列 $x(n) = [1, 3, 3, 4, 1, 3, 2, -1]$ 的 8 点离散傅里叶变换(DFT)$X(k)$，画出序列 $x(n)$、$|X(k)|$、$X(k)$ 的实部 $\mathrm{Re}(X(k))$ 和虚部 $\mathrm{Im}(X(k))$ 的图形。

解　序列 $x(n)$ 的离散傅里叶变换定义为

$$X(k) = \mathrm{DFT}(x(n)) = \sum_{n=0}^{7} x(n) e^{-j\frac{2\pi}{8}nk}, \ k = 0, 1, 2, 3, 4, 5, 6, 7$$

求序列 $x(n)$ 的 DFT 的 MATLAB 程序如下：

```
clear all;
close all;
clc;
x=[1 3 3 4 1 3 2 −1];
x=x.';
n=0:7;
k=0:7;
k=k.';
xk=exp(−j * (2 * pi/8) * k * n) * x;
subplot(221)
stem(n, x);
axis([−1 8 −1.5 5]);
xlabel('n');
ylabel('x(n)');
title('序列 x(n)');
subplot(222)
stem(k, abs(xk));
axis([−1 8 −3 20]);
xlabel('k');
ylabel('|X(k)|');
title('X(k)的幅度');
subplot(223)
stem(k, real(xk));
axis([−1 8 −5 20]);
```

```
xlabel('k');
ylabel('Re(X(k))');
title('X(k)的实部');
subplot(224)
stem(k，imag(xk));
axis([-1 8 -6 6]);
xlabel('k');
ylabel('Im(X(k))');
title('X(k)的虚部');
```

程序运行结果如图 3.5.1 所示。

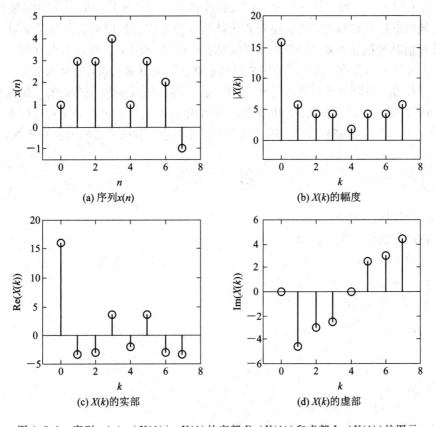

(a) 序列$x(n)$　　(b) $X(k)$的幅度　　(c) $X(k)$的实部　　(d) $X(k)$的虚部

图 3.5.1　序列 $x(n)$、$|X(k)|$、$X(k)$的实部 $\mathrm{Re}(X(k))$和虚部 $\mathrm{Im}(X(k))$的图示

小　　结

本章介绍离散傅里叶变换(DFT)及其快速算法，包括离散傅里叶变换(DFT)的定义、性质、频域采样定理和快速傅里叶变换(FFT)算法，主要内容包括：

(1) 设 $W_N = \mathrm{e}^{-\mathrm{j}\frac{2\pi}{N}}$，长度为 M 的有限长离散时间序列 $x(n)(n=0, 1, 2, \cdots, M-1)$的 N 点离散傅里叶变换(DFT)定义为

$$X(k) = \mathrm{DFT}(x(n)) = \sum_{n=0}^{N-1} x(n)W_N^{kn}, \ k=0, 1, 2, \cdots, N-1$$

式中，N 称为 DFT 区间长度，$N \geqslant M$。$X(k)(k=0,1,2,\cdots,N-1)$ 的离散傅里叶逆变换 (IDFT) 定义为

$$x(n) = \mathrm{IDFT}(X(k)) = \frac{1}{N} \sum_{k=0}^{N-1} X(k) W_N^{-kn}, \quad n=0,1,2,\cdots,N-1$$

（2）离散傅里叶变换（DFT）具有线性性质、周期性和对称性，还满足时域循环卷积定理和频域循环卷积定理。

（3）对序列的 z 变换在单位圆上等间隔采样，只要采样点数不小于序列的长度，就可以由其恢复出时域序列，这就是频域采样定理。时域序列的离散时间傅里叶变换和 z 变换均可以由频域采样点恢复。

（4）快速傅里叶变换（FFT）算法可以大幅降低计算量。该算法的基本思路是利用离散傅里叶变换（DFT）的对称性，将长序列的傅里叶变换分解为短序列的离散傅里叶变换。常见的算法包括时域抽取法基-2 FFT 和频域抽取法基-2 FFT，还可以采取分裂基计算。另外，针对旋转因子的特点，也可以采用多类蝶形算法简化计算。如果序列为实序列，还可以进一步简化计算。利用离散哈莱特变换，可以实现实数运算，避免复数运算，降低计算量。

（5）利用 FFT 可以计算 DFT 和 IDFT、两个序列的线性卷积及对序列进行谱分析。用 FFT 进行谱分析时存在栅栏效应，还可能产生截断效应，造成频谱的泄漏和干扰。

习　　题

1. 求下列时域序列的 N 点 DFT：

（1）$x(n) = 2$；

（2）$x(n) = 2\delta(n)$；

（3）$x(n) = 2\delta(n-n_0)$，$0 < n_0 < N$；

（4）$x(n) = R_M(n)$，$0 < M < N$；

（5）$x(n) = \cos\left(\dfrac{2\pi M}{N} n\right)$，$0 < M < N$；

（6）$x(n) = \mathrm{e}^{\mathrm{j}\frac{2\pi M}{N} n}$，$0 < M < N$；

（7）$x(n) = \mathrm{e}^{\mathrm{j}\omega_0 n} R_N(n)$；

（8）$x(n) = \cos(\omega_0 n) R_N(n)$。

2. 求下列频域序列的 N 点 IDFT：

（1）$X(k) = 1$；

（2）$X(k) = \delta(k)$；

（3）$X(k) = \delta(k-k_0)$，$0 < k_0 < N$；

（4）$X(k) = R_M(k)$，$0 < M < N$；

（5）$X(n) = \cos\left(\dfrac{2\pi M}{N} k\right)$，$0 < M < N$；

（6）$X(k) = \mathrm{e}^{\mathrm{j}\frac{2\pi M}{N} k}$，$0 < M < N$；

（7）$X(k) = \mathrm{e}^{\mathrm{j}\omega_0 k} R_N(k)$；

（8）$X(k) = \cos(\omega_0 k) R_N(k)$。

3. 已知

$$x_1(n) = R_6(n)$$

$$x_2(n) = R_4(-n) + R_3(n)$$

分别求序列 $x_1(n)$ 和 $x_2(n)$ 的卷积和循环卷积，画出结果的波形并比较。

4. 已知 $X(k) = \mathrm{DFT}(x(n))$，求证 $Nx(N-k) = \mathrm{DFT}(X(n))$。

5. 已知 $X(k) = \mathrm{DFT}(x(n))$，如果 $x(N-k) = x(n)$，求证 $X(N-k) = X(k)$。

6. 已知 $X(k) = \mathrm{DFT}(x(n))$，求证：

$$\sum_{n=0}^{N-1} |x(n)|^2 = \frac{1}{N} \sum_{k=0}^{N-1} |X(k)|^2$$

7. 已知序列 $x(n) = 0.6^n \varepsilon(n)$ 的 z 变换为 $X(z)$，对 $X(z)$ 在单位圆上等间隔采样 N 点，采样值为 $X(k)$，且

$$X(k) = X(z) \Big|_{z = e^{j\frac{2\pi}{N}k}}, \ k = 0, 1, 2, \cdots, N-1$$

求 $X(k)$ 的 IDFT。

8. 用 MATLAB 产生一个实序列，使其上限频率为 10 kHz，对其进行谱分析，如果要求谱分辨率 $F \leqslant 40$ Hz，试确定：

(1) 最小记录时间；

(2) 最大采样间隔；

(3) 最少采样点数。

9. 已知序列 $x(n) = 0.6^n \varepsilon(n)$，$0 \leqslant n \leqslant 2N-1$，设计 FFT 算法用 N 点 DFT 对序列 $x(n)$ 进行谱分析。

10. 已知序列 $x(n) = 0.6^n \varepsilon(n)$，$0 \leqslant n \leqslant N-1$，对其做 N 点 DHT 和 CST 变换。

11. 证明：

$$x(n) = \mathrm{IDFT}(X(k)) = \frac{1}{N} \mathrm{DFT}(X^*(k))^*, \ 0 \leqslant n \leqslant N-1, \ 0 \leqslant k \leqslant N-1$$

按此式编写 IDFT 快速算法的 MATLAB 程序，并求 $X(k) = 0.6^k \varepsilon(k)$，$0 \leqslant k \leqslant N-1$ 对应的时域序列 $x(n)$。

无限脉冲响应(IIR)数字滤波器的设计方法

4.1　数字滤波器的基本概念

4.1.1　离散系统的信号流图

离散时间系统一般用三种方式描述，分别为差分方程、单位脉冲响应和系统函数。为了便于计算机处理，系统的描述必须表示成计算机可以处理的过程。不同的系统描述有不同的误差、速度、系统复杂程度和成本。在数字信号处理中，系统的描述一般用网络结构表示。网络结构对应计算机处理的运算结构，能够体现系统处理的具体过程。离散时间系统的三种描述方式均可用网络结构表示。同一系统的不同网络结构对应不同的运算结构。

1. 信号流图表示网络结构的方法

数字信号处理中有三种基本运算，分别是加法、乘法和单位时间延迟。三种基本运算的流图如图 4.1.1 所示。

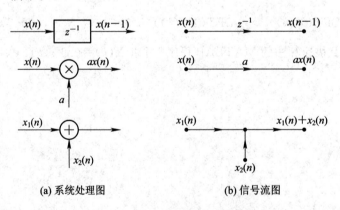

(a) 系统处理图　　　　　　　(b) 信号流图

图 4.1.1　三种基本运算的信号流图

在图 4.1.1 所示的信号流图中，圆点称为节点，每一个节点对应一个信号，称为节点变量；输入信号 $x(n)$ 对应的节点称为输入节点或源节点；输出信号 $y(n)$ 对应的节点称为输出节点或吸收节点；箭头旁边的 a 和 z^{-1} 表示该支路的增益，$a=1$ 时不必标出。节点变量等于所有输入支路信号之和。

基本信号流图都对应着具体的算法。信号流图多种多样，最适合计算机处理的最简单的信号流图称为基本信号流图。基本信号流图满足：

(1) 所有支路增益都是常数或者 z^{-1}。

(2) 环路中必须至少存在一个支路的增益为 z^{-1}。

(3) 系统仅有有限个节点和支路。

根据信号流图列出各个节点的变量方程，由方程求出输出信号和输入信号之间的关系即可得到网络的系统函数。系统函数还可以用梅森(Masson)公式直接由信号流图写出。

网络结构一般分为两类：一类称为有限脉冲响应(Finite Impulse Response，FIR)网络，另一类称为无限脉冲响应(Infinite Impulse Response，IIR)网络。

2. 无限脉冲响应(IIR)网络的基本结构

IIR 网络的特点是存在反馈支路或环路，具有无限长的单位脉冲响应 $h(n)$。基本的 IIR 网络结构有三种：直接型、级联型和并联型。

1) IIR 网络的直接型结构

设输入信号为 $x(n)$，输出信号为 $y(n)$，IIR 网络的 N 阶差分方程为

$$y(n) = \sum_{i=0}^{M} b_i x(n-i) + \sum_{k=1}^{N} a_k y(n-k) \tag{4.1.1}$$

当 $M=N=2$ 时，直接按差分方程画出的网络结构如图 4.1.2(a)所示。网络结构包括两部分：第一部分的系统函数为 $H_1(z)$，第二部分的系统函数为 $H_2(z)$，整个网络的系统函数为 $H(z)=H_1(z) \cdot H_2(z)$。第一部分和第二部分的位置可以交换，如图 4.1.2(b)所示，此时 $H(z)=H_2(z) \cdot H_1(z)$。由于节点变量 $w_1=w_2$，第一部分和第二部分中间相邻的延时支路相同，可以合并，形成如图 4.1.2(c)所示的网络结构，称为 IIR 网络的直接型结构。

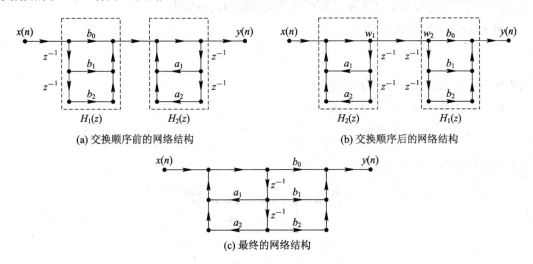

图 4.1.2　IIR 直接型网络结构

2) IIR 网络的级联型结构

系统函数 $H(z)$ 的级联形式为

$$H(z) = H_1(z) \cdot H_2(z) \cdot \cdots \cdot H_K(z) \tag{4.1.2}$$

式中，因子 $H_i(z)$ 均为最简不能再分的一阶或二阶网络结构的系统函数，即 $H_i(z)$ 的分子和分母多项式的系数为实数，且分子和分母多项式为不能再分解的一阶或二阶多项式。每个因子 $H_i(z)$ 采用直接型网络结构，将其依次排列就形成级联型网络结构。

例 4.1.1 设系统函数为

$$H(z) = \frac{1 - 6z^{-1} + 5z^{-2}}{1 - 7z^{-1} + 12z^{-2}}$$

画出该系统函数的级联型网络结构。

解 对系统函数分子分母因式分解，得

$$H(z) = \frac{1 - 6z^{-1} + 5z^{-2}}{1 - 7z^{-1} + 12z^{-2}} = \frac{(1 - z^{-1})(1 - 5z^{-1})}{(1 - 3z^{-1})(1 - 4z^{-1})}$$

$$= \frac{1 - z^{-1}}{1 - 3z^{-1}} \cdot \frac{1 - 5z^{-1}}{1 - 4z^{-1}} = H_1(z) \cdot H_2(z)$$

级联型网络结构如图 4.1.3 所示。

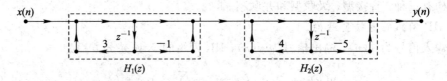

图 4.1.3　例 4.1.1 的级联型网络结构

3) IIR 网络的并联型结构

系统函数 $H(z)$ 的并联形式为

$$H(z) = H_1(z) + H_2(z) + \cdots + H_K(z) \tag{4.1.3}$$

式中，因子 $H_i(z)$ 均为最简不能再分的一阶或二阶网络结构的系统函数。每个因子 $H_i(z)$ 均采用直接型网络结构，将其并联连接就形成并联型网络结构。

例 4.1.2 设系统函数为

$$H(z) = \frac{2 - 4z^{-1}}{1 - 4z^{-1} + 3z^{-2}}$$

画出该系统函数的并联型网络结构。

解 对系统函数分母因式分解，得

$$H(z) = \frac{2 - 4z^{-1}}{1 - 4z^{-1} + 3z^{-2}} = \frac{2 - 4z^{-1}}{(1 - z^{-1})(1 - 3z^{-1})} = \frac{1}{1 - z^{-1}} + \frac{1}{1 - 3z^{-1}}$$

并联型网络结构如图 4.1.4 所示。

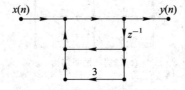

图 4.1.4　例 4.1.2 的并联型网络结构

3. 有限脉冲响应(FIR)网络的基本结构

FIR 网络的特点是不存在反馈支路，具有有限长 N 的单位脉冲响应 $h(n)$，其系统函数 $H(z)$ 和差分方程分别为

$$H(z) = \sum_{n=0}^{N-1} h(n)z^{-n} \tag{4.1.4}$$

$$y(n) = \sum_{m=0}^{N-1} h(m)x(n-m) \tag{4.1.5}$$

其直接型网络结构也称为卷积型结构，如图 4.1.5 所示。

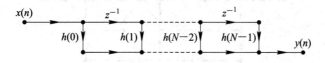

图 4.1.5　FIR 的直接型网络结构

FIR 网络的级联型网络结构的产生方法和 IIR 网络的级联型网络结构的产生方法相同。

例 4.1.3　设 FIR 网络的系统函数为

$$H(z) = 2 - 8z^{-1} + 6z^{-2}$$

画出该系统函数的级联型网络结构。

解　对系统函数因式分解得

$$H(z) = 2 - 8z^{-1} + 6z^{-2} = (2 - 2z^{-1})(1 - 3z^{-1})$$

其级联型网络结构如图 4.1.6 所示。

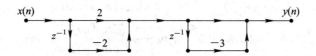

图 4.1.6　FIR 的级联型网络结构

其他网络结构这里不再介绍，有兴趣的读者可以查阅相关资料。

4. 状态变量分析法

对于复杂的网络结构，不仅要掌握输入和输出的状态，还要获取网络中一些关键节点变量的状态，这时常用状态变量分析法描述网络。需要掌握状态的节点变量称为状态变量节点。一般选择网络流图中单位延时支路的输出或输入作为状态变量节点。其原因在于单位延时一般在计算机中用寄存器实现，便于调取观察。状态变量分析法包括两个方程：一个是状态方程，另一个是输出方程。状态方程描述状态变量和输入的关系，输出方程描述输出和状态变量的关系。

如果系统有 M 个输入信号，依次为 $x_1(n)$，$x_2(n)$，$\cdots$，$x_M(n)$；L 个输出信号，依次为 $y_1(n)$，$y_2(n)$，$\cdots$，$y_L(n)$；N 个状态变量，依次为 $w_1(n)$，$w_2(n)$，$\cdots$，$w_N(n)$。则状态方程和输出方程可以分别表示为

$$\boldsymbol{W}(n+1) = \boldsymbol{A}\boldsymbol{W}(n) + \boldsymbol{B}\boldsymbol{X}(n) \tag{4.1.6-1}$$

$$\boldsymbol{Y}(n) = \boldsymbol{C}\boldsymbol{W}(n) + \boldsymbol{D}\boldsymbol{X}(n) \tag{4.1.6-2}$$

式中，

$$\boldsymbol{W}(n) = \begin{bmatrix} w_1(n) & w_2(n) & \cdots & w_N(n) \end{bmatrix}^{\mathrm{T}}$$

$$\boldsymbol{X}(n) = \begin{bmatrix} x_1(n) & x_2(n) & \cdots & x_M(n) \end{bmatrix}^{\mathrm{T}}$$

$$\boldsymbol{Y}(n) = \begin{bmatrix} y_1(n) & y_2(n) & \cdots & y_L(n) \end{bmatrix}^{\mathrm{T}}$$

且矩阵 $\boldsymbol{A}$、$\boldsymbol{B}$、$\boldsymbol{C}$、$\boldsymbol{D}$ 为常数矩阵，称为参数矩阵。参数矩阵的元素均为常数，由系统的网络

结构决定，在网络结构确定的情况下可以预先测得或求得。

例 4.1.4 建立图 4.1.7 所示网络的状态方程和输出方程。

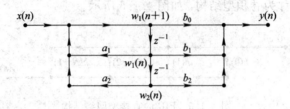

图 4.1.7　网络结构

解　图 4.1.7 中有两个延时支路，建立两个状态变量 $w_1(n)$ 和 $w_2(n)$，则

$$w_1(n+1) = a_1 w_1(n) + a_2 w_2(n) + x(n)$$

$$w_2(n+1) = w_1(n)$$

$$y(n) = b_0 w_1(n+1) + b_1 w_1(n) + b_2 w_2(n)$$

$$= (a_1 b_0 + b_1) w_1(n) + (a_2 b_0 + b_2) w_2(n) + b_0 x(n)$$

写成矩阵形式为

$$\begin{bmatrix} w_1(n+1) \\ w_2(n+1) \end{bmatrix} = \begin{bmatrix} a_1 & a_2 \\ 1 & 0 \end{bmatrix} \begin{bmatrix} w_1(n) \\ w_2(n) \end{bmatrix} + \begin{bmatrix} 1 \\ 0 \end{bmatrix} x(n) \qquad (4.1.7\text{-}1)$$

$$y(n) = \begin{bmatrix} a_1 b_0 + b_1 & a_2 b_0 + b_2 \end{bmatrix} \begin{bmatrix} w_1(n) \\ w_2(n) \end{bmatrix} + b_0 x(n) \qquad (4.1.7\text{-}2)$$

式(4.1.7-1)和式(4.1.7-2)即为状态方程和输出方程。

4.1.2　数字滤波器的基本概念

1. 数字滤波器的定义和分类

数字滤波器通过对输入数字信号进行数字运算，改变输入信号的频率特性，其输出也是数字信号。数字滤波器可以在数字芯片中通过运算完成，突破了模拟滤波器硬件的限制，精度高、灵活且便于修改和升级，得到了广泛的应用。应该指出，当输入信号为模拟信号时，需要先经 ADC 再通过数字滤波器，输出经 DAC 转化为模拟信号。

滤波器按照处理对象的频率特点的不同可分为两大类：一类是经典滤波器，也称为一般滤波器，另一类是现代滤波器。在经典滤波器能够处理的输入信号中，有用频率成分和干扰频率成分分布在不同的频段，通过滤波器的频率切割和选频作用对信号进行处理，使有用频率成分通过滤波器，使无用的干扰被衰减或截止。如果在输入信号中有用频率成分和干扰频率成分重叠分布，则经典滤波器无能为力，这时需要采用现代滤波器对其滤波。现代滤波器将处理的对象看作随机信号，用随机信号的相关知识，按照统计分布规律将信号和干扰进行分离。比较常见的现代滤波器包括维纳滤波器、卡尔曼滤波器和自适应滤波器。现代滤波器是现代信号处理的内容，应用时需要具备随机信号处理的相关知识，这里不做进一步讨论。本书只讨论经典滤波器，后面的滤波器如果不做特殊说明，都指经典滤波器。

和模拟滤波器相同，数字滤波器按功能可以分为低通滤波器、高通滤波器、带通滤波器和带阻滤波器。与模拟滤波器不同的是，数字滤波器的传输函数 $H(\omega)$ 以 2π 为周期，其低频在 2π 的整数倍附近，其高频在 π 的奇数倍附近；而模拟滤波器的低频在零附近，高频是大于一个设定的频率 Ω_0 的频段。应该指出,数字频率 ω 和模拟频率 Ω 的关系为

$$\omega = \frac{\Omega}{f_s} \tag{4.1.8}$$

式中,f_s 为采样频率。因此,数字滤波器和模拟滤波器高低频的分布是统一的。

数字滤波器按其时域序列的长短,可以分为无限脉冲响应(IIR)滤波器和有限脉冲响应(FIR)滤波器两类。N 阶 IIR 滤波器的系统函数为

$$H(z) = \frac{\sum_{r=0}^{M} b_r z^{-r}}{\sum_{k=0}^{N} a_k z^{-k}} \tag{4.1.9-1}$$

式中,系数 $a_0 = 1$。

$N-1$ 阶 FIR 滤波器的系统函数为

$$H(z) = \sum_{n=0}^{N-1} h(n) z^{-n} \tag{4.1.9-2}$$

2. 数字滤波器的技术指标

将数字滤波器的传输函数 $H(\omega)$ 写成幅度和相位的形式为

$$H(\omega) = |H(\omega)| e^{jQ(\omega)} \tag{4.1.10}$$

式中,$|H(\omega)|$ 称为数字滤波器的幅度频率特性,简称幅频特性;$Q(\omega)$ 称为数字滤波器的相位频率特性,简称相频特性。幅频特性反映被处理信号通过滤波器后各频率段的衰减情况,相频特性反映被处理信号通过滤波器后各频率段的延时情况。幅频特性和相频特性对被处理信号的波形都有影响,因此在对波形要求高的环境中,如语音合成、图像信号处理和波形传输场合,两者都要按照严格的技术指标设计,否则会造成信号失真。而在对波形要求不高的场合,只考虑幅频特性即可。只按幅频特性技术指标设计的滤波器一般称为选频滤波器。选频滤波器一般不考虑相频特性。本书后面的章节如果不特殊说明,滤波器一般指选频滤波器。

低通、高通、带通、带阻滤波器的特点各不相同,其幅频特性的技术指标也各不相同,但技术指标参数的概念基本一致。这里以低通滤波器为例,介绍幅频特性的技术指标。图 4.1.8 表示低通滤波器的归一化幅频特性曲线。

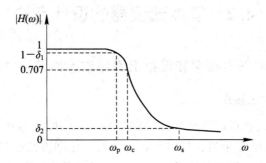

图 4.1.8　低通滤波器的归一化幅频特性曲线

在图 4.1.8 中,滤波器对频率范围 $0 \leqslant \omega \leqslant \omega_p$ 内的信号几乎没有衰减,称为滤波器的通带,ω_p 称为通带截止频率,在通带内 $1 - \delta_1 \leqslant |H(\omega)| \leqslant 1$。滤波器对频率范围 $\omega_s \leqslant \omega \leqslant \pi$ 内

的信号衰减较大，称为滤波器的阻带，ω_s 称为阻带截止频率，在阻带内 $|H(\omega)| \leqslant \delta_2$。幅频特性曲线在频率范围 $\omega_p < \omega < \omega_s$ 的部分称为过渡带。滤波器的衰减单位一般采用分贝（dB），用 α_p 表示通带内允许的最大衰减，α_p 定义为

$$\alpha_p = 20\lg \frac{|H(0)|}{|H(\omega_p)|} \tag{4.1.11}$$

用 α_s 表示阻带内允许的最小衰减，α_s 定义为

$$\alpha_s = 20\lg \frac{|H(0)|}{|H(\omega_s)|} \tag{4.1.12}$$

如果用 $|H(0)|$ 对滤波器的幅度归一化，则 $|H(0)|$ 的归一化值为 1，式(4.1.11)和式(4.1.12)可以分别表示为

$$\alpha_p = -20\lg |H(\omega_p)| \tag{4.1.13}$$

$$\alpha_s = -20\lg |H(\omega_s)| \tag{4.1.14}$$

在图 4.1.8 中，ω_c 称为 3 dB 通带截止频率。当 $\omega = \omega_c$ 时，$|H(\omega_c)| = \sqrt{2}/2 = 0.707$，衰减用 α_c 表示，$\alpha_c = 3$ dB。ω_p、ω_c、ω_s 统称为边界频率，是滤波器的技术指标的重要参数。

3. 数字滤波器的设计方法

IIR 数字滤波器的设计可以借助模拟滤波器完成，只要将模拟滤波器的传输函数 $H(s)$ 转换为数字滤波器的系统函数 $H(z)$ 即可。因为模拟滤波器的设计方法已经十分成熟，有很多设计方法可供选用，所以借助模拟滤波器设计 IIR 数字滤波器相对比较容易。IIR 数字滤波器也可以在 z 域或频域采用计算机辅助直接设计。

FIR 数字滤波器的设计不能借助模拟滤波器完成，只能在 z 域或频域采用计算机辅助直接设计。常用的设计方法有窗函数法和频率采样法。

FIR 数字滤波器的单位脉冲响应满足一定的条件可以实现输入、输出信号的线性相位变换，这种滤波器称为线性相位滤波器。线性相位滤波器的滤波功能也可以用 IIR 数字滤波器实现，但要在使用 IIR 数字滤波器后用全通网络对其造成的非线性相位特性进行矫正。

应该指出，不管是数字滤波器还是模拟滤波器设计，其核心均是低通滤波器的设计，其他如高通、带通、带阻滤波器都可以在低通滤波器的基础上，通过频率变换的方法实现。因此，本书重点讨论低通滤波器设计。

4.2　模拟滤波器的设计方法

4.2.1　模拟滤波器的基本概念和模拟低通滤波器的设计方法

1. 模拟滤波器的基本概念

IIR 数字滤波器的设计可以借助模拟滤波器完成，因此本书从模拟滤波器开始介绍。模拟滤波器理论研究已经有相当长的时间，设计的理论和方法已经被广泛应用于各个行业。常见的典型滤波器包括巴特沃斯(Butterworth)滤波器、切比雪夫(Chebyshev)滤波器、椭圆(Ellipse)滤波器和贝塞尔(Bessel)滤波器等。典型的滤波器都有确定的解析式，解析式中的参数和滤波器技术指标的对应关系已经制成了图表可供查阅。

模拟滤波器按幅频特性可分为低通滤波器、高通滤波器、带通滤波器和带阻滤波器。

由于低通滤波器通过频率变换可以转换成其他类型的滤波器,各种滤波器的设计都可归结为低通滤波器的设计,因此本书重点介绍低通滤波器的理论和设计方法。

2. 模拟低通滤波器的设计方法

模拟滤波器的传输函数 $H(\Omega)$ 写成幅度和相位形式为

$$H(\Omega) = | H(\Omega) | \, e^{jQ(\Omega)}$$

式中,$|H(\Omega)|$ 为模拟滤波器的幅度频率特性,简称幅频特性,$Q(\Omega)$ 为模拟滤波器的相位频率特性,简称相频特性。

图 4.2.1 表示低通滤波器的归一化幅频特性曲线。

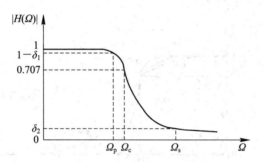

图 4.2.1　低通滤波器的归一化幅频特性曲线

在图 4.2.1 中,Ω_p、Ω_c、Ω_s 依次称为滤波器的通带截止频率、3 dB 通带截止频率和阻带截止频率。用 α_p 表示通带内允许的最大衰减,α_p 定义为

$$\alpha_p = 20\lg \frac{| H(0) |}{| H(\Omega_p) |} \tag{4.2.1}$$

用 α_s 表示阻带内允许的最小衰减,α_s 定义为

$$\alpha_s = 20\lg \frac{| H(0) |}{| H(\Omega_s) |} \tag{4.2.2}$$

如果 $|H(0)|$ 的归一化值为 1,式(4.2.1)和式(4.2.2)可以分别表示为

$$\alpha_p = - 20\lg | H(\Omega_p) | \tag{4.2.3}$$

$$\alpha_s = - 20\lg | H(\Omega_s) | \tag{4.2.4}$$

在图 4.2.1 中,当 $\Omega = \Omega_c$ 时,$|H(\Omega_c)| = \sqrt{2}/2 = 0.707$,衰减用 α_c 表示,$\alpha_c = 3$ dB。

模拟滤波器设计的目的是按照预先给定的技术指标 Ω_p、Ω_s、α_p、α_s 设计一个 $H(s)$,使在 $s = j\Omega$ 时满足给定的技术指标的要求。因为一般模拟滤波器的单位冲激响应为实数,所以 $H(\Omega)$ 和 $H(s)$ 的关系为

$$| H(\Omega) |^2 = H(s)H(-s)\Big|_{s=j\Omega} = H(\Omega)H^*(\Omega) \tag{4.2.5}$$

式中,$|H(\Omega)|^2$ 称为幅度平方函数。应该指出,$H(s)$ 必须是稳定的,即其极点必须落在 s 平面的左半平面。

4.2.2　巴特沃斯模拟低通滤波器的设计方法

巴特沃斯模拟低通滤波器的幅度平方函数解析式为

$$| H(\Omega) |^2 = \frac{1}{1 + (\Omega/\Omega_c)^{2N}} \tag{4.2.6}$$

式中，N 称为滤波器的阶数，Ω_c 为 3 dB 通带截止频率。

显然，幅度平方函数是单调减函数，N 越大下降得越快。由式(4.2.6)还可以得到以下结论：

$$|H(0)| = 1 \tag{4.2.7}$$

$$|H(\Omega_c)| = \frac{\sqrt{2}}{2} = 0.707 \tag{4.2.8}$$

$$\alpha_c = -20\lg\frac{\sqrt{2}}{2} = 3 \text{ (dB)} \tag{4.2.9}$$

式(4.2.6)的函数如图 4.2.2 所示。

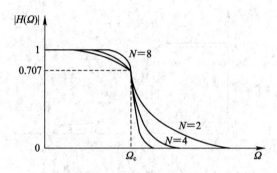

图 4.2.2　巴特沃斯模拟低通滤波器的幅频特性曲线

由式(4.2.6)可得滤波器的传输函数 $H(s)$ 满足

$$H(s) \cdot H(-s) = \frac{1}{1 + [s/(j\Omega_c)]^{2N}} = \frac{(\Omega_c)^{2N}}{(\Omega_c)^{2N} + (s/j)^{2N}} \tag{4.2.10}$$

显然，传输函数 $H(s)$ 的 $2N$ 个极点 s_k，$k = 0, 1, 2, \cdots, 2N-1$ 满足

$$(\Omega_c)^{2N} + (s/j)^{2N} = 0 \tag{4.2.11}$$

因此

$$s_k = j\Omega_c(-1)^{\frac{1}{2N}} = \Omega_c e^{j\pi\left(\frac{1}{2} + \frac{2k+1}{2N}\right)}, \quad k = 0, 1, 2, \cdots, 2N-1 \tag{4.2.12}$$

显然，$2N$ 个极点形成 N 对共轭复数，分别分布在 s 平面的左右半平面。N 个极点 s_k，$k = 0, 1, 2, \cdots, N-1$ 分布在 s 平面的左半平面，另 N 个极点 s_k，$k = N, N+1, N+2, \cdots$，$2N-1$ 分布在 s 平面的右半平面。极点 s_k 和 s_{N-k-1} 形成一对共轭复数。

考虑到传输函数的稳定性，取左半平面的极点构建 $H(s)$，则右半平面的极点构成 $H(-s)$。$H(s)$ 的表达式为

$$H(s) = \frac{\Omega_c^N}{\prod\limits_{k=0}^{N-1}(s - s_k)} = \frac{1}{\prod\limits_{k=0}^{N-1}\left(\dfrac{s}{\Omega_c} - \dfrac{s_k}{\Omega_c}\right)} \tag{4.2.13}$$

令 $\lambda = \dfrac{\Omega}{\Omega_c}$，则 $\dfrac{s}{\Omega_c} = j\lambda$，$\lambda$ 称为归一化频率。令 $p = j\lambda$，p 称为归一化复变量，则归一化极点为

$$p_k = \frac{s_k}{\Omega_c} = e^{j\pi\left(\frac{1}{2} + \frac{2k+1}{2N}\right)} \tag{4.2.14}$$

代入式(4.2.13)，得

$$H(p) = \frac{1}{\prod\limits_{k=0}^{N-1}(p-p_k)} = \frac{1}{\prod\limits_{k=0}^{N-1}\left[p - e^{j\pi\left(\frac{1}{2}+\frac{2k+1}{2N}\right)}\right]} \tag{4.2.15}$$

显然,式(4.2.15)只有一个待定参数 N,确定了 N 就可以得到 $H(p)$。式(4.2.13)有两个待定参数 N 和 Ω_c,确定了 N 和 Ω_c 就可以得到 $H(s)$。

参数 N 由技术指标 Ω_p、Ω_s、α_p、α_s 确定。方法如下:

根据式(4.2.3)、式(4.2.4)和式(4.2.6)得

$$\alpha_p = 10\lg|1+(\Omega_p/\Omega_c)^{2N}| \tag{4.2.16-1}$$

$$\alpha_s = 10\lg|1+(\Omega_s/\Omega_c)^{2N}| \tag{4.2.16-2}$$

因此

$$(\Omega_p/\Omega_s)^N = \sqrt{\frac{10^{\alpha_p/10}-1}{10^{\alpha_s/10}-1}} \tag{4.2.17}$$

因此

$$N = \frac{\lg\sqrt{\dfrac{10^{\alpha_p/10}-1}{10^{\alpha_s/10}-1}}}{\lg(\Omega_p/\Omega_s)} \tag{4.2.18}$$

令 $\lambda_{sp} = \dfrac{\Omega_s}{\Omega_p}$,$k_{sp} = \sqrt{\dfrac{10^{\alpha_s/10}-1}{10^{\alpha_p/10}-1}}$,则

$$N = -\frac{\lg k_{sp}}{\lg \lambda_{sp}} \tag{4.2.19}$$

当式(4.2.19)的计算结果不为整数时,取大于等于 N 的最小整数作为阶数。

如果 Ω_c 没有给出,只给出了 Ω_p、Ω_s、α_p、α_s 四个参数,Ω_c 可按式(4.2.16-1)或式(4.2.16-2)求出。由式(4.2.16-1)和式(4.2.16-2),可得

$$\Omega_c = \Omega_p (10^{\alpha_p/10}-1)^{-1/(2N)} \tag{4.2.20}$$

$$\Omega_c = \Omega_s (10^{\alpha_s/10}-1)^{-1/(2N)} \tag{4.2.21}$$

令

$$H(p) = \frac{1}{B(p)} \tag{4.2.22}$$

$$B(p) = p^N + b_{N-1}p^{N-1} + b_{N-2}p^{N-2} + \cdots + b_0 \tag{4.2.23}$$

根据 N 计算归一化极点 p_k 和 $B(p)$ 多项式的系数 b_k 的结果前人已经做了归纳,见表4.2.1(a)和(b)。

表 4.2.1(a)　巴特沃斯模拟低通滤波器归一化极点位置

阶数 N	$p_0 \quad p_{N-1}$	$p_1 \quad p_{N-2}$	$p_2 \quad p_{N-3}$
1	-1		
2	$-0.7071 \pm j0.7071$		
3	$-0.5 \pm j0.866$	-1	
4	$-0.3827 \pm j0.9239$	$-0.9239 \pm j0.3827$	
5	$-0.309 \pm j0.9511$	$-0.809 \pm j0.5878$	-1

表 4.2.1(b)　巴特沃斯模拟低通滤波器归一化传输函数 $H(p)$ 的分母 $B(p)$

阶数 N	$B(p)$
1	$p+1$
2	$p^2+1.4142p+1$
3	$(p^2+p+1)(p+1)$
4	$(p^2+0.7654p+1)(p^2+1.8478p+1)$
5	$(p^2+0.618p+1)(p^2+1.618p+1)(p+1)$

综上所述，巴特沃斯模拟低通滤波器的设计方法可以归纳如下：

(1) 根据给定的技术参数 Ω_p、Ω_s、α_p、α_s，按照式(4.2.19)求出滤波器的阶数 N。

(2) 按照式(4.2.14)求出归一化极点，代入式(4.2.15)得到归一化传输函数 $H(p)$。

(3) 将 $p=s/\Omega_c$ 代入 $H(p)$，得到传输函数 $H(s)$。

当然也可以由阶数 N 直接查表 4.2.1(a)和(b)，得出归一化极点和归一化传输函数 $H(p)$。

例 4.2.1　设计低通滤波器，使其满足通带截止角频率 $\Omega_p=10\pi$ kHz，通带最大衰减 $\alpha_p=2$ dB，阻带截止角频率 $\Omega_s=24\pi$ kHz，阻带最小衰减 $\alpha_s=30$ dB。

解　先根据技术指标确定阶数 N。

$$\lambda_{sp}=\frac{\Omega_s}{\Omega_p}=2.4$$

$$k_{sp}=\sqrt{\frac{10^{\alpha_s/10}-1}{10^{\alpha_p/10}-1}}=0.0242$$

$$N=-\frac{\lg k_{sp}}{\lg \lambda_{sp}}=4.25$$

因此

$$N=5$$

查表 4.2.1，得

$$H(p)=\frac{1}{(p^2+0.618p+1)(p^2+1.618p+1)(p+1)}$$

按式(4.2.20)求 Ω_c：

$$\Omega_c=\Omega_p(10^{\alpha_p/10}-1)^{-1/(2N)}=33.13 \text{ (krad/s)}$$

将 Ω_c 代入式(4.2.21)，验证是否符合要求：

$$\Omega'_s=\Omega_c(10^{\alpha_s/10}-1)^{-1/(2N)}=66.097 \text{ (krad/s)}$$

显然，Ω'_s 小于题目给定的 Ω_s，说明 Ω_c 符合要求。

将 $p=s/\Omega_c$ 代入 $H(p)$，得

$$H(s)=\frac{\Omega_c^5}{s^5+b_4\Omega_c s^4+b_3\Omega_c^2 s^3+b_2\Omega_c^3 s^2+b_1\Omega_c^4 s+b_0\Omega_c^5}$$

4.2.3　切比雪夫模拟低通滤波器的设计方法

切比雪夫模拟低通滤波器分为两种类型：一类的幅频特性在通带内等波纹振动，在阻

带内单调减，称为切比雪夫 I 型滤波器；另一类的幅频特性在通带内单调减，在阻带内等波纹振动，称为切比雪夫 II 型滤波器。这里只讨论切比雪夫 I 型滤波器。

1. 切比雪夫多项式

N 阶切比雪夫多项式定义为

$$C_N(x) = \begin{cases} \cos(N \arccos x), & |x| \leqslant 1 \\ \text{ch}(N \text{arch} x), & |x| > 1 \end{cases} \tag{4.2.24}$$

切比雪夫多项式具有以下性质：

(1) 使 $C_N(x) = 0$ 的 x 在 $|x| \leqslant 1$ 的范围内。

(2) 在 $|x| < 1$ 的范围内，$|C_N(x)| \leqslant 1$ 且具有等波纹波动性。

(3) 在 $|x| > 1$ 的范围内，$C_N(x)$ 是单调双曲线函数。在 $x > 1$ 的范围内，$C_N(x)$ 是单调升的双曲线函数，N 越大，斜率越大。

2. 切比雪夫 I 型滤波器的设计方法

利用 N 阶切比雪夫多项式，可以构建滤波器的幅度平方函数，表示为

$$|H(\Omega)|^2 = \frac{1}{1 + \varepsilon^2 C_N^2(\Omega/\Omega_p)} \tag{4.2.25}$$

式中，ε 为小于 1 的正数，表示通带内幅度波动的程度，其值越大，波动幅度越大；Ω_p 为通带截止角频率。令归一化频率 $\lambda = \Omega/\Omega_p$。

令 $s = j\Omega$，将式(4.2.18)写成 s 的函数为

$$H(s) \cdot H(-s) = \frac{1}{1 + \varepsilon^2 C_N^2 \left(\dfrac{s}{j\Omega_p}\right)} \tag{4.2.26}$$

令 $p = s/\Omega_p$，称为归一化复变量，则 $H(s) = H(p)$。可以证明，传输函数 $H(p)$ 的归一化极点为

$$p_k = -\text{ch}\xi \sin\left(\frac{(2k-1)\pi}{2N}\right) + j\text{ch}\xi \cos\left(\frac{(2k-1)\pi}{2N}\right), \quad k = 1, 2, \cdots, N \tag{4.2.27}$$

式中，$\xi = \dfrac{1}{N}\text{arsh}(1/\varepsilon)$。

进一步，可得归一化的传输函数为

$$H(p) = \frac{1}{\varepsilon \cdot 2^{N-1} \cdot \displaystyle\prod_{k=1}^{N}(p - p_k)} \tag{4.2.28}$$

将 $p = s/\Omega_p$ 代入式(4.2.21)，可得 $H(s)$。

综上，切比雪夫 I 型滤波器的设计步骤归纳如下：

(1) 确定技术参数 Ω_p、Ω_s、α_p、α_s 的关系：

$$\alpha_p = 10\lg \frac{1}{|H(\Omega_p)|^2} \tag{4.2.29}$$

$$\alpha_s = 10\lg \frac{1}{|H(\Omega_s)|^2} \tag{4.2.30}$$

α_p 也称为通带波纹。归一化频率 $\lambda_p = \Omega_p/\Omega_p = 1$，归一化频率 $\lambda_s = \Omega_s/\Omega_p$。

(2) 求阶数 N 和参数 ε。

由式(4.2.18)、式(4.2.22)和式(4.2.23)，得

$$10^{0.1\alpha_p} = 1 + \varepsilon^2$$

$$10^{0.1\alpha_s} = 1 + \varepsilon^2 \text{ch}^2(N\text{arch}\lambda_s)$$

因此

$$\frac{10^{0.1\alpha_s} - 1}{10^{0.1\alpha_p} - 1} = \text{ch}^2(N\text{arch}\lambda_s)$$

令

$$r^2 = \frac{10^{0.1\alpha_s} - 1}{10^{0.1\alpha_p} - 1}$$

则

$$r = \text{ch}(N\text{arch}\lambda_s)$$

因此

$$N = \frac{\text{arch}r}{\text{arch}\lambda_s}$$

阶数取大于等于 N 的最小整数。另外，还可得到

$$\varepsilon = \sqrt{10^{0.1\alpha_p} - 1}$$

（3）按式(4.2.20)和式(4.2.21)，得到归一化传输函数 $H(p)$。

（4）将 $p = s/\Omega_p$ 代入 $H(p)$，可得传输函数 $H(s)$。

4.2.4　模拟高通、带通和带阻滤波器的设计方法

高通滤波器、带通滤波器和带阻滤波器的传输函数，可以通过频率变换由低通滤波器的传输函数得到。无论设计哪种滤波器，都可以将技术指标转化为低通滤波器的指标，然后设计满足指标的低通滤波器的传输函数，最后通过频率变换得到希望的滤波器的传输函数。本节讨论频率变换的方法。

为了方便表达，在下面的讨论中，低通滤波器的传输函数用 $G(s)$ 表示，其中 $s=j\Omega$。用 λ 表示低通滤波器归一化频率，$p=j\lambda$ 称为低通滤波器归一化拉普拉斯复变量。对其他类型的滤波器，传输函数用 $H(s)$ 表示，其中 $s=j\Omega$。用 η 表示其归一化频率，$q=j\eta$ 称为该滤波器归一化拉普拉斯复变量，$H(q)$ 称为该滤波器归一化传输函数。

1. 模拟高通滤波器的设计步骤

（1）确定高通滤波器的技术指标，包括通带下限频率 Ω_p'、通带最大衰减 α_p、阻带上限频率 Ω_s' 和阻带最小衰减 α_s。

（2）将高通滤波器的技术指标转换为低通滤波器的技术指标：低通滤波器的通带截止频率 $\Omega_p = 1/\Omega_p'$，低通滤波器的阻带截止频率 $\Omega_s = 1/\Omega_s'$，通带最大衰减 α_p 不变，阻带最小衰减 α_s 不变。

（3）设计归一化低通滤波器的传输函数 $G(p)$。

（4）将 $G(p)$ 转化为归一化的高通滤波器传输函数 $H(q)$，转化公式为

$$H(j\eta) = G(j\lambda)\Big|_{\lambda=\frac{1}{\eta}}$$

式中，$p=j\lambda$，$q=j\eta$。

（5）去归一化，将 $q=s/\Omega_p$ 代入 $H(q)$，得到高通滤波器的传输函数 $H(s)$。

高通滤波器的通带下限频率 Ω'_p 和阻带上限频率 Ω'_s 如图 4.2.3 所示。

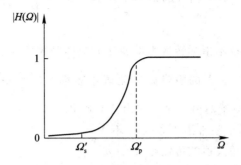

图 4.2.3 高通滤波器的幅频特性曲线

2. 模拟带通滤波器的设计步骤

(1)确定带通滤波器的技术指标,包括通带上限频率 Ω_u、通带最大衰减 α_p、通带下限频率 Ω_l 和阻带最小衰减 α_s、下阻带上限频率 Ω_{s1}、上阻带下限频率 Ω_{s2}、通带中心频率 $\Omega_0 = \sqrt{\Omega_u \Omega_l}$、通带带宽 $B = \Omega_u - \Omega_l$。相应的归一化频率为 $\eta_{s1} = \dfrac{\Omega_{s1}}{B}$,$\eta_{s2} = \dfrac{\Omega_{s2}}{B}$,$\eta_l = \dfrac{\Omega_l}{B}$,$\eta_u = \dfrac{\Omega_u}{B}$,$\eta_0 = \sqrt{\eta_l \eta_u}$。

(2)将带通滤波器的技术指标转换为低通滤波器的技术指标:

低通滤波器的通带归一化截止频率 $\lambda_p = 1$;低通滤波器的阻带归一化截止频率 $\lambda_s = \dfrac{\eta_{s2}^2 - \eta_0^2}{\eta_{s2}}$,$-\lambda_s = \dfrac{\eta_{s1}^2 - \eta_0^2}{\eta_{s1}}$;$\lambda_s$ 和 $-\lambda_s$ 的绝对值可能不等,取绝对值较小的作为其值效果更佳。

通带最大衰减 α_p 不变,阻带最小衰减 α_s 不变。

(3)设计归一化低通滤波器的传输函数 $G(p)$。

(4)将 $G(p)$ 转化为归一化的带通滤波器传输函数 $H(s)$,转化公式为

$$H(s) = G(p) \Big|_{p = \frac{s^2 + \Omega_u \Omega_l}{s(\Omega_u - \Omega_l)}}$$

式中,$p = j\lambda$。

带通滤波器的幅频特性曲线如图 4.2.4 所示。

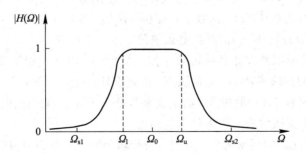

图 4.2.4 带通滤波器的幅频特性曲线

3. 模拟带阻滤波器的设计步骤

(1)确定带阻滤波器的技术指标,包括上通带截止频率 Ω_u、通带最大衰减 α_p、下通带截止频率 Ω_l 和阻带最小衰减 α_s、阻带下限频率 Ω_{s1}、阻带上限频率 Ω_{s2}、阻带中心频率 $\Omega_0 =$

数字信号处理

$\sqrt{\Omega_u \Omega_l}$、阻带带宽 $B=\Omega_u-\Omega_l$。相应的归一化频率为 $\eta_{s1}=\dfrac{\Omega_{s1}}{B}$，$\eta_{s2}=\dfrac{\Omega_{s2}}{B}$，$\eta_l=\dfrac{\Omega_l}{B}$，$\eta_u=\dfrac{\Omega_u}{B}$，$\eta_0=\sqrt{\eta_l\eta_u}$。

（2）将带阻滤波器的技术指标转换为低通滤波器的技术指标：低通滤波器的通带归一化截止频率 $\lambda_p=1$；低通滤波器的阻带归一化截止频率 $-\lambda_s=\dfrac{\eta_{s2}}{\eta_{s2}^2-\eta_0^2}$，$\lambda_s=\dfrac{\eta_{s1}}{\eta_{s1}^2-\eta_0^2}$；$\lambda_s$ 和 $-\lambda_s$ 的绝对值可能不等，取绝对值较小的作为其值效果更佳。

通带最大衰减 α_p 不变，阻带最小衰减 α_s 不变。

（3）设计归一化低通滤波器的传输函数 $G(p)$。

（4）将 $G(p)$ 转化为归一化的带阻滤波器传输函数 $H(s)$，转化公式为

$$H(s)=G(p)\Big|_{p=\frac{sB}{s^2+\Omega_0^2}}$$

式中，$p=j\lambda$。

带阻滤波器的幅频特性曲线如图 4.2.5 所示。

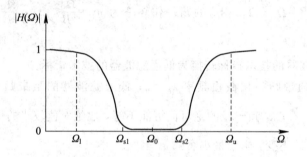

图 4.2.5　带阻滤波器的幅频特性曲线

4.3　由模拟滤波器设计无限脉冲响应(IIR)数字滤波器的方法

利用模拟滤波器的理论和设计方法设计无限脉冲响应(IIR)滤波器时，首先按照技术要求设计模拟低通滤波器，得到模拟低通滤波器的传输函数 $H_a(s)$，然后将 $H_a(s)$ 转换为数字低通滤波器的系统函数 $H(z)$。从数学角度讲，这是一个将 s 平面的 $H_a(s)$ 转换为 z 平面的 $H(z)$ 的过程。$H_a(s)$ 到 $H(z)$ 的转换必须满足以下两个原则：

（1）因果稳定的模拟滤波器转换成数字滤波器后，也应该是因果稳定的滤波器。因果稳定的模拟滤波器的传输函数 $H_a(s)$ 的极点，必定全部位于 s 平面的左半平面；因果稳定的数字滤波器的系统函数 $H(z)$ 的极点，必定全部位于 z 平面的单位圆内。因此，转换关系应该将 s 平面的左半平面映射到 z 平面的单位圆内。

（2）系统函数 $H(z)$ 的频率响应，应当模仿传输函数 $H_a(s)$ 的频率响应。转换关系应该将 s 平面的虚轴映射到 z 平面的单位圆上，相应的频率之间成线性关系。

有多种方法可以将 s 平面的 $H_a(s)$ 转换为 z 平面的 $H(z)$，这里只介绍工程中常用的脉冲响应不变法和双线性变换法。

4.3.1　脉冲响应不变法

1. 脉冲响应不变法的基本思想和步骤

设模拟滤波器的传输函数 $H_a(s)$ 对应的单位冲激响应为 $h_a(t)$，即 $H_a(s)=\mathrm{LT}(h_a(t))$。以周期 T 对 $h_a(t)$ 进行等间隔采样得到 $h_a(nT)$，使数字滤波器的单位脉冲响应 $h(n)$ 满足

$$h(n) = h_a(nT) \qquad (4.3.1)$$

则 $h(n)$ 的 z 变换 $H(z)$ 就是数字滤波器的系统函数，系统函数 $H(z)$ 具有和传输函数 $H_a(s)$ 类似的频率特性。这就是脉冲响应不变法的基本思路。

由模拟滤波器的传输函数 $H_a(s)$ 设计 IIR 滤波器的步骤如下：

(1) 设 $H_a(s)$ 只有 N 个单阶极点 s_i，$i=1, 2, \cdots, N$，且可以表示成有理真分式，则其可用部分分式表示为

$$H_a(s) = \sum_{i=1}^{N} \frac{A_i}{s - s_i} \qquad (4.3.2)$$

$H_a(s)$ 对应的单位冲激响应 $h_a(t)$ 为

$$h_a(t) = \sum_{i=1}^{N} A_i e^{s_i t}\varepsilon(t) \qquad (4.3.3)$$

(2) 以周期 T 对 $h_a(t)$ 进行等间隔采样得到 $h(n)$，即

$$h(n) = h_a(nT) = \sum_{i=1}^{N} A_i e^{s_i nT}\varepsilon(nT) \qquad (4.3.4)$$

(3) 对 $h(n)$ 进行 z 变换就得到数字滤波器的系统函数 $H(z)$，即

$$H(z) = \mathrm{ZT}(h(n)) = \sum_{i=1}^{N} \frac{A_i}{1 - e^{s_i T}z^{-1}} \qquad (4.3.5)$$

式(4.3.5)说明，$H_a(s)$ 的极点 s_i 映射到 z 平面，其极点为 $e^{s_i T}$。

2. s 平面到 z 平面的映射关系

1) s 平面到 z 平面的映射关系介绍

现在从 s 变换和 z 变换的定义推导 s 平面到 z 平面的映射关系。

由于 $h(n)$ 是以周期 T 对 $h_a(t)$ 进行等间隔采样得到的采样信号，所以

$$h(n) = \sum_{n=-\infty}^{\infty} h_a(t)\delta(t - nT) \qquad (4.3.6)$$

对 $h(n)$ 进行拉普拉斯变换，得

$$H_T(s) = \int_{-\infty}^{\infty} h(n)e^{-st}\,\mathrm{d}t = \int_{-\infty}^{\infty} \Big(\sum_{n=-\infty}^{\infty} h_a(t)\delta(t - nT)\Big)e^{-st}\,\mathrm{d}t$$

$$= \sum_{n=-\infty}^{\infty} h_a(nT)e^{-snT} \qquad (4.3.7)$$

式中，$h_a(nT)=h_a(t)\Big|_{t=nT}=h(n)$，因此

$$H_T(s) = \sum_{n=-\infty}^{\infty} h(n)e^{-snT} = \sum_{n=-\infty}^{\infty} h(n)z^{-n}\Big|_{z=e^{sT}} = H(z)\Big|_{z=e^{sT}} \qquad (4.3.8)$$

式(4.3.8)表明，采样信号 $h(n)$ 的拉普拉斯变换和 z 变换之间的映射关系为

$$z = e^{sT} \qquad (4.3.9)$$

式中，T 为采样周期，需要满足采样定理才能使信号的频谱不重叠。这一映射关系称为标准映射关系。

2）s 平面到 z 平面映射的性质

（1）映射的因果稳定性。

设

$$s = \sigma + \mathrm{j}\Omega$$
$$z = re^{\mathrm{j}\omega}$$

代入式（4.3.9），得

$$re^{\mathrm{j}\omega} = e^{(\sigma+\mathrm{j}\Omega)T}$$

因此

$$\begin{cases} r = e^{\sigma T} \\ \omega = \Omega T \end{cases} \qquad (4.3.10)$$

由式（4.3.10）可以得到以下结论：

当 $\sigma = 0$ 时，$r = 1$，表明将 s 平面上 $\sigma = 0$ 代表的虚轴映射为 z 平面上 $r = 1$ 代表的单位圆。

当 $\sigma < 0$ 时，$r < 1$，表明将 s 平面上 $\sigma < 0$ 代表的左半平面映射为 z 平面上 $r < 1$ 代表的单位圆内。这说明如果 $H_{\mathrm{a}}(s)$ 因果稳定，则 $H(z)$ 也因果稳定，两者之间的转换映射不改变滤波器的因果稳定性。

当 $\sigma > 0$ 时，$r > 1$，表明将 s 平面上 $\sigma > 0$ 代表的右半平面映射为 z 平面上 $r > 1$ 代表的单位圆外。

（2）映射的周期性。

在式（4.3.9）中，由于 e^{sT} 为关于 Ω 的周期函数，周期为 $2\pi/T$，即

$$z = e^{sT} = e^{(\sigma+\mathrm{j}\Omega)T} = e^{\sigma T}e^{\mathrm{j}\left(\Omega+\frac{2\pi}{T}k\right)T}, \quad k = \pm 1, \pm 2, \cdots \qquad (4.3.11)$$

式（4.3.11）表明，当 $\sigma = 0$ 时，虚轴上每一个 $-\mathrm{j}\dfrac{\pi}{T}k \sim -\mathrm{j}\dfrac{\pi}{T}k + \mathrm{j}\dfrac{2\pi}{T}$ 区间都被映射到了单位圆上；当 $\sigma < 0$ 时，s 平面上左半平面的每一个 $-\mathrm{j}\dfrac{\pi}{T}k \sim -\mathrm{j}\dfrac{\pi}{T}k + \mathrm{j}\dfrac{2\pi}{T}$ 区域都被映射到了单位圆内；当 $\sigma > 0$ 时，s 平面上右半平面的每一个 $-\mathrm{j}\dfrac{\pi}{T}k \sim -\mathrm{j}\dfrac{\pi}{T}k + \mathrm{j}\dfrac{2\pi}{T}$ 区域都被映射到了单位圆外。

由于 s 平面的虚轴代表信号的频率，如果信号的频谱分布在多个 $-\mathrm{j}\dfrac{\pi}{T}k \sim \mathrm{j}\dfrac{\pi}{T}k + \mathrm{j}\dfrac{2\pi}{T}$ 区间，则当 $\sigma = 0$ 时，每一个 $-\mathrm{j}\dfrac{\pi}{T}k \sim -\mathrm{j}\dfrac{\pi}{T}k + \mathrm{j}\dfrac{2\pi}{T}$ 区间都被映射到了单位圆上，会造成 z 域内的信号频谱混叠，因此采样时必须使采样间隔 T 小于奈奎斯特间隔，以保证在 s 平面上信号的频谱沿虚轴分布在 $-\mathrm{j}\dfrac{\pi}{T} \sim \mathrm{j}\dfrac{\pi}{T}$ 一个周期区间内，这样得到的 $H(z)$ 没有频谱混叠，可以完整地重现原信号的频谱。

s 平面到 z 平面的映射关系如图 4.3.1 所示。

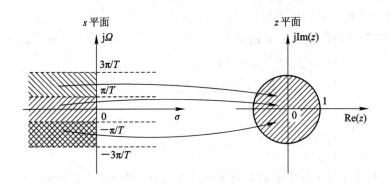

图 4.3.1　s 平面的到 z 平面的映射关系：$z = \mathrm{e}^{sT}$

4.3.2　双线性变换法

1. 双线性变换原理

为了克服脉冲响应不变法的频率混叠现象，研究者开发了双线性变换法，用非线性频率压缩方法，将 s 平面虚轴上的全部频率范围压缩到 $-\mathrm{j}\dfrac{\pi}{T} \sim \mathrm{j}\dfrac{\pi}{T}$ 一个周期区间内，再令 $z = \mathrm{e}^{sT}$ 将其映射到 z 平面以避免频率混叠现象。这就是双线性变换法的基本思路。

设模拟滤波器的传输函数为 $H_a(s)$，$s = \mathrm{j}\Omega$，经过压缩变换后的传输函数为 $H_a(s_1)$，$s_1 = \mathrm{j}\Omega_1$，则频率压缩采用的公式为

$$\begin{cases} \Omega_1 = \dfrac{2}{T}\arctan\left(\dfrac{T}{2}\Omega\right) \\[2mm] \Omega = \dfrac{2}{T}\tan\left(\dfrac{T}{2}\Omega_1\right) \end{cases} \tag{4.3.12}$$

式中，T 为采样间隔。显然，通过式(4.3.12)的压缩，将 Ω 的频率范围$(-\infty, \infty)$压缩到 Ω_1 的频率范围$(-\pi/T, \pi/T)$。由式(4.3.12)，可得 s 和 s_1 的关系为

$$s = \frac{2}{T}\frac{1 - \mathrm{e}^{-s_1 T}}{1 + \mathrm{e}^{-s_1 T}} \tag{4.3.13}$$

再令 $z = \mathrm{e}^{s_1 T}$，将其映射到 z 平面，即

$$s = \frac{2}{T}\frac{1 - z^{-1}}{1 + z^{-1}} \tag{4.3.14-1}$$

$$z = \frac{2/T + s}{2/T - s} \tag{4.3.14-2}$$

式(4.3.14-1)或式(4.3.14-2)表示的变换称为双线性变换。

在实际应用时，直接将式(4.3.14-1)代入模拟滤波器的传输函数 $H_a(s)$，即可得到数字滤波器的系统函数 $H(z)$，或将式(4.3.14-2)代入数字滤波器的系统函数 $H(z)$，即可得到模拟滤波器的传输函数 $H_a(s)$，即

$$H(z) = H_a(s)\bigg|_{s = \frac{2}{T}\frac{1 - z^{-1}}{1 + z^{-1}}} \tag{4.3.15-1}$$

$$H_a(s) = H(z)\bigg|_{z = \frac{2/T + s}{2/T - s}} \tag{4.3.15-2}$$

显然，双线性变换法除了采用非线性频率压缩外，其余的步骤和脉冲响应不变法是相

同的，因此不改变滤波器的因果稳定性。

2. 模拟频率 Ω 和数字频率 ω 的关系

将 $s=\mathrm{j}\Omega$ 和 $z=\mathrm{e}^{\mathrm{j}\omega}$ 代入式(4.3.14−1)，得

$$\mathrm{j}\Omega = \frac{2}{T}\frac{1-\mathrm{e}^{-\mathrm{j}\omega}}{1+\mathrm{e}^{-\mathrm{j}\omega}}$$

则

$$\Omega = \frac{2}{T}\tan\frac{\omega}{2} \tag{4.3.16}$$

显然，模拟频率 Ω 和数字频率 ω 的关系是非线性关系，如图 4.3.2 所示。

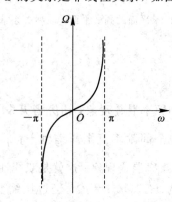

图 4.3.2　双线性变换中模拟频率 Ω 和数字频率 ω 的关系曲线

　　由图 4.3.2 可见，在坐标原点附近，模拟频率 Ω 和数字频率 ω 的关系是近似线性关系，在此范围内，$H(z)$ 能逼真地模仿 $H_{\mathrm{a}}(s)$ 的幅频特性和相频特性；而超过了这个范围，模拟频率 Ω 和数字频率 ω 的关系是非线性关系，$H(z)$ 不能模仿 $H_{\mathrm{a}}(s)$ 的幅频特性和相频特性，$H(z)$ 对数字频率 ω 的幅频特性和相频特性，相较于 $H_{\mathrm{a}}(s)$ 对模拟频率 Ω 的幅频特性和相频特性会出现失真，并且模拟频率 Ω 和数字频率 ω 的非线性度越大，失真越大。但是当模拟滤波器的传输函数 $H_{\mathrm{a}}(s)$ 的幅频特性和相频特性具有片段常数特性时，其对应的数字滤波器的系统函数 $H(z)$ 的幅频特性和相频特性也具有片段常数特性。由于常见模拟滤波器的传输函数 $H_{\mathrm{a}}(s)$ 的幅频特性和相频特性一般均具有片段常数特性，所以其对应的数字滤波器的系统函数 $H(z)$ 的幅频特性和相频特性也具有片段常数特性，因此双线性变换法在工程中获得了广泛的应用。

3. 利用模拟滤波器设计 IIR 数字滤波器的步骤

综上，利用模拟滤波器设计 IIR 数字滤波器的步骤可以总结如下：

（1）确定数字低通滤波器的技术指标，包括通带截止频率 ω_{p}、通带最大衰减 α_{p}、阻带截止频率 ω_{s} 和阻带最小衰减 α_{s}。

（2）将数字低通滤波器的边界频率技术指标 ω_{p} 和 ω_{s} 转换为模拟低通滤波器的技术指标，通带最大衰减 α_{p} 和阻带最小衰减 α_{s} 不必转换。

如果采用脉冲响应不变法，则边界频率的转换公式为

$$\omega = \Omega T \tag{4.3.17}$$

如果采用双线性变换法，则边界频率的转换公式为

$$\Omega = \frac{2}{T}\tan\frac{\omega}{2} \tag{4.3.18}$$

（3）按照模拟低通滤波器的技术指标设计滤波器，得到其传输函数 $H_a(s)$。

（4）将传输函数 $H_a(s)$ 转换成数字滤波器的系统函数 $H(z)$。

例 4.3.1　图 4.3.3 所示的低通滤波器，求其传输函数 $H_a(s)$，并将其分别用脉冲响应不变法和双线性变换法转换为数字滤波器。

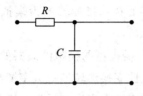

图 4.3.3　低通滤波器

解　图 4.3.3 所示的低通滤波器的传输函数为

$$H_a(s) = \frac{1/(\mathrm{j}\Omega C)}{R + 1/(\mathrm{j}\Omega C)} = \frac{1/(sC)}{R + 1/(sC)}$$

$$= \frac{1/(RC)}{s + 1/(RC)} = \frac{\alpha}{s + \alpha}, \ \alpha = 1/(RC)$$

传输函数的唯一极点为

$$s_1 = -\alpha$$

利用脉冲响应不变法，按照式(4.3.5)，得数字滤波器的系统函数为

$$H_1(z) = \frac{\alpha}{1 - \mathrm{e}^{-\alpha T} z^{-1}}$$

利用双线性变换法，按照式(4.3.15 - 1)，得

$$H_2(z) = H_a(s)\Big|_{s=\frac{2}{T}\frac{1-z^{-1}}{1+z^{-1}}} = \frac{\alpha}{s + \alpha}\Big|_{s=\frac{2}{T}\frac{1-z^{-1}}{1+z^{-1}}} = \frac{\alpha}{\dfrac{2}{T}\dfrac{1-z^{-1}}{1+z^{-1}} + \alpha}$$

$$= \frac{\alpha_1(1 + z^{-1})}{1 + \alpha_2 z^{-1}}, \ \alpha_1 = \frac{\alpha T}{\alpha T + 2}, \ \alpha_2 = \frac{\alpha T - 2}{\alpha T + 2}$$

$H_1(z)$ 和 $H_2(z)$ 的网络结构分别如图 4.3.4(a)和(b)所示。

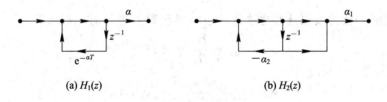

(a) $H_1(z)$　　　　　　　　　　(b) $H_2(z)$

图 4.3.4　$H_1(z)$ 和 $H_2(z)$ 的网络结构

应该指出，设计的数字滤波器的系统函数 $H(z)$ 和模拟滤波器的传输函数 $H_a(s)$ 的逼近程度除上述因素外，还受到采样周期 T 的影响。实践已经证明，T 越小，系统函数 $H(z)$ 的频率特性和 $H_a(s)$ 的频率特性越接近。

4.3.3　数字高通、带通和带阻滤波器设计

数字高通、带通和带阻滤波器的设计方法类似，本节以数字高通滤波器设计为例介绍其设计方法。数字高通滤波器的设计步骤如下：

（1）确定所需数字滤波器的技术指标。

（2）将所需类型数字滤波器的技术指标按双线性变换法转换为该类型模拟滤波器的技术指标，转换公式为

$$\Omega = (2/T)\tan(\omega/2) \tag{4.3.19}$$

（3）将所需类型的模拟滤波器的技术指标转换为模拟低通滤波器的技术指标，设计模拟低通滤波器，得到其传输函数 $G(s)$。

（4）将传输函数 $G(s)$ 转换成所需类型的模拟滤波器的传输函数 $H_a(s)$。

（5）将传输函数 $H_a(s)$ 按双线性变换法转换成数字滤波器的系统函数 $H(z)$。

例 4.3.2　设计一个巴特沃斯型数字高通滤波器，要求通带截止频率 $\omega_p = 0.8\pi$ rad，通带最大衰减为 3 dB，阻带截止频率 $\omega_s = 0.44\pi$ rad，阻带衰减不小于 15 dB。

解　（1）确定数字高通滤波器的技术指标为

$$\omega_p = 0.8\pi \text{ rad}, \alpha_p = 3 \text{ dB}$$
$$\omega_s = 0.44\pi \text{ rad}, \alpha_s = 15 \text{ dB}$$

（2）令 $T=1$，模拟高通滤波器的技术指标为

$$\Omega'_p = (2/T)\tan(\omega_p/2) = 2\tan(0.4\pi) = 6.155 \text{ (rad/s)}$$
$$\Omega'_s = (2/T)\tan(\omega_s/2) = 2\tan(0.22\pi) = 1.655 \text{ (rad/s)}$$
$$\alpha_p = 3 \text{ dB}$$
$$\alpha_s = 15 \text{ dB}$$

（3）模拟低通滤波器的技术指标为

$$\Omega_p = 1/\Omega'_p$$
$$\Omega_s = 1/\Omega'_s$$

显然，3 dB 通带截止频率 $\Omega_c = \Omega_p$，用 Ω_c 归一化得

$$\lambda_p = 1$$
$$\lambda_s = \frac{\Omega_s}{\Omega_c} = 3.71$$

（4）设计归一化的模拟低通滤波器 $G(p)$，其阶数 N 按下述步骤计算：

$$\lambda_{sp} = \frac{\Omega_s}{\Omega_p} = 3.71$$
$$k_{sp} = \sqrt{\frac{10^{\alpha_s/10}-1}{10^{\alpha_p/10}-1}} = 0.1803$$
$$N = -\frac{\lg k_{sp}}{\lg \lambda_{sp}} = 1.31$$

阶数 N 取 2。查表 4.2.1，得

$$G(p) = \frac{1}{p^2 + \sqrt{2}p + 1}$$

将 $p = s/\Omega_c$ 代入，得

$$G(s) = \frac{\Omega_c^2}{s^2 + \sqrt{2}\Omega_c s + \Omega_c^2}$$

(5) 将模拟低通滤波器转化为模拟高通滤波器:

$$H_a(s) = G(1/s) = \frac{Q_c^2 s^2}{\Omega_c^2 s^2 + \sqrt{2}\Omega_c s + 1}$$

(6) 将传输函数 $H_a(s)$ 按双线性变换法转换成数字滤波器的系统函数 $H(z)$:

$$H(z) = H_a(s)\Big|_{s = \frac{2}{T}\frac{1-z^{-1}}{1+z^{-1}}} = \frac{0.0653(1 - z^{-1})^2}{1 + 1.199z^{-1} + 0.349z^{-2}}$$

上述的频率变换在模拟域完成,在实际中,频率变换在数字域也能完成,有兴趣的读者可以查阅相关资料了解相关知识。

4.4 无限脉冲响应(IIR)数字滤波器的直接设计方法

IIR 数字滤波器可以在数字域直接设计。在数字域,可以设计具有任意幅频特性的滤波器,比采用模拟滤波器设计 IIR 滤波器的方法更加灵活。

4.4.1 零极点累试法

在 2.4 节中,本书分析了零点和极点分布对系统函数的频谱特性的影响。按照式(2.4.17),系统函数的频谱特性取决于系统函数零极点的分布,极点位置影响其峰值,零点位置影响其谷点深度。极点越靠近单位圆,峰值越高;零点越靠近单位圆,谷点越深。利用这个结论可以在数字域直接设计 IIR 数字滤波器,设计方法如下:

首先根据需要的幅度特性,初步确定零极点位置,写出零极点对应的系统函数,画出幅频特性,与需要的幅频特性进行比较,如果不满足要求,适当地移动或增减零极点进行修正。上述过程重复进行,直到得到满意的系统函数。这种方法称为零极点累试法。为了保证设计的滤波器因果稳定可实现,零极点的位置必须遵守下面两条规则:

(1) 极点必须位于 z 平面的单位圆内,这是保证系统因果稳定的必要条件。

(2) 复数零极点必须共轭成对,以保证系统函数分子和分母多项式的系数是实数。

例 4.4.1 设计带通滤波器,使通带中心频率为 $\omega_0 = \pi/2$,当 $\omega = \pi$、0 时幅度为零。

解 根据题意,极点位置应该为 $z_{1,2} = re^{\pm j\pi/2}$,零点为 $z_{1,2}^{(0)} = \pm 1$,系统函数为

$$H(z) = G\frac{(z-1)(z+1)}{(z - re^{j\pi/2})(z - re^{-j\pi/2})} = G\frac{1 - z^{-2}}{1 + rz^{-2}}$$

式中,G 和 r 两个参量可以用来调节幅度。

4.4.2 频域幅度最小均方误差法

这种方法需要较多的矩阵知识,这里只介绍其设计原理。

频域幅度最小均方误差法设计 IIR 数字滤波器的步骤如下:

(1) 设 IIR 滤波器可分解为 K 个二阶网络级联的形式,其系统函数 $H(z)$ 可表示为

$$H(z) = A\prod_{i=1}^{K}\frac{1 + a_i z^{-1} + b_i z^{-2}}{1 + c_i z^{-1} + d_i z^{-2}} \tag{4.4.1}$$

式中,A 是常数,a_i、b_i、c_i、d_i 是待求的系数。

（2）设 $H_d(\omega)$ 是期望滤波器的传输函数。

（3）在区间 $(0, \pi)$，取 N 个数字频率点 ω_i，$i=1, 2, \cdots, N$。设在这 N 个频率点上 IIR 滤波器的系统函数值为 $H(\omega_i)$，期望滤波器的传输函数值为 $H_d(\omega_i)$，两者的均方误差定义为

$$E = \sum_{i=1}^{N} (\,|\,H(\omega_i)\,|-|\,H_d(\omega_i)\,|\,)^2 \qquad (4.4.2)$$

（4）用使 E 最小的 a_i、b_i、c_i、d_i 作为 IIR 滤波器系统函数 $H(z)$ 的表达式 (4.4.1) 的系数。具体方法是将式 (4.4.1) 代入式 (4.4.2)，分别对 a_i、b_i、c_i、d_i 和 $|A|$ 求偏导，并令其等于零，可得 $4K$ 个方程，求解这些方程，即可解出 a_i、b_i、c_i、d_i 和 $|A|$。

4.4.3　时域直接设计 IIR 数字滤波器

1. 时域单位脉冲响应逼近法

设希望的滤波器的单位脉冲响应为 $h_d(n)$，需要设计的滤波器的单位脉冲响应为 $h(n)$，使 $h(n)$ 充分逼近 $h_d(n)$。

设滤波器为因果滤波器，则

$$H(z) = \frac{\sum\limits_{i=0}^{M} b_i z^{-i}}{\sum\limits_{i=0}^{N} a_i z^{-i}} = \sum_{k=0}^{\infty} h(n) z^{-k} \qquad (4.4.3)$$

式中，$a_0 = 1$。

将式 (4.4.3) 改写为

$$\sum_{i=0}^{M} b_i z^{-i} = \sum_{k=0}^{\infty} h(n) z^{-k} \sum_{i=0}^{N} a_i z^{-i} \qquad (4.4.4)$$

由于式 (4.4.4) 共有 $N+M+1$ 个待定系数 a_i 和 b_i，所以需要 $N+M+1$ 个方程才能求解。取 $h(n)$ 的前 $N+M+1$ 项等于 $h_d(n)$，并代入式 (4.4.4)，得

$$\sum_{i=0}^{M} b_i z^{-i} = \sum_{k=0}^{M+N} h_d(n) z^{-k} \sum_{i=0}^{N} a_i z^{-i} \qquad (4.4.5)$$

令式 (4.4.5) 等号两边的系数相等，可得 $N+M+1$ 个方程。考虑到当 $i>M$ 时，$b_i=0$。最后得到的方程为

$$\sum_{l=0}^{k} a_l h_d(k-l) = b_k, \ 0 \leqslant k \leqslant M \qquad (4.4.6-1)$$

$$\sum_{l=0}^{k} a_l h_d(k-l) = 0, \ M < k \leqslant M+N \qquad (4.4.6-2)$$

此方法的缺点是，列方程时只取了 $h(n)$ 前 $N+M+1$ 个值使 $h(n)=h_d(n)$，其余的项不考虑 $h(n)$ 和 $h_d(n)$ 的关系，因此滤波器的性能有限。

2. 时域波形形成法

设输入信号为 $x(n)$，长度为 M，希望输出的信号为 $y_d(n)$，长度为 N，而实际滤波器的输出为 $y(n)$，其和 $y_d(n)$ 的均方误差为

$$E = \sum_{n=0}^{N-1} (y(n) - y_d(n))^2 = \sum_{n=0}^{N-1} \Big(\sum_{m=0}^{n} h(m) x(n-m) - y_d(n) \Big)^2 \qquad (4.4.7)$$

使式(4.4.7)最小的 $h(n)$ 即为所求的解。当式(4.4.7)最小时，有

$$\frac{\partial E}{\partial h(i)} = 0, \quad i = 0, 1, 2, \cdots, N-1 \tag{4.4.8}$$

将式(4.4.7)代入式(4.4.8)，得

$$\sum_{n=0}^{N-1} 2\left(\sum_{m=0}^{N-1} h(m)x(n-m) - y_d(n)\right)x(n-i) = 0 \tag{4.4.9}$$

即

$$\sum_{n=0}^{N-1} \sum_{m=0}^{n} h(m)x(n-m)x(n-i) = \sum_{n=0}^{N-1} y_d(n)x(n-i), \quad i = 0, 1, 2, \cdots, N-1 \tag{4.4.10}$$

写成矩阵形式为

$$\begin{bmatrix} \sum_{n=0}^{N-1} x(n)x(n) & \sum_{n=0}^{N-1} x(n-1)x(n) & \cdots & \sum_{n=0}^{N-1} x(n-N)x(n) \\ \sum_{n=0}^{N-1} x(n)x(n-1) & \sum_{n=0}^{N-1} x(n-1)x(n-1) & \cdots & \sum_{n=0}^{N-1} x(n-N)x(n-1) \\ \vdots & \vdots & & \vdots \\ \sum_{n=0}^{N-1} x(n)x(n-N+1) & \sum_{n=0}^{N-1} x(n-1)x(n-N+1) & \cdots & \sum_{n=0}^{N-1} x^2(n-N+1) \end{bmatrix} \begin{bmatrix} h(0) \\ h(1) \\ \vdots \\ h(N-1) \end{bmatrix}$$

$$= \begin{bmatrix} \sum_{n=0}^{N-1} y_d(n)x(n) \\ \sum_{n=0}^{N-1} y_d(n)x(n-1) \\ \vdots \\ \sum_{n=0}^{N-1} y_d(n)x(n-N+1) \end{bmatrix} \tag{4.4.11}$$

由此方程解出 N 个 $h(n)$，再由式(4.4.6-1)和式(4.4.6-2)，可解得 $N+M+1$ 个待定系数 a_i 和 b_i。

应该指出，本章的 IIR 数字滤波器的设计方法均针对滤波器的幅频特性进行设计，没有考虑滤波器的相频特性，所设计的滤波器的相位特性一般是非线性的。如果希望得到线性相位特性，需要额外增加相位矫正网络。

4.5　MATLAB 应用举例——用脉冲响应不变法设计 IIR 数字滤波器

例 4.5.1　设采样频率为 T，当 $T=0.15\,\text{s}$ 和 $T=0.6\,\text{s}$ 时，分别设计 IIR 数字低通滤波器，使其满足通带截止频率 $\omega_p = 0.2\pi\,\text{rad}$，阻带截止频率 $\omega_s = 0.5\pi\,\text{rad}$，通带最大衰减 $\alpha_p = 1.1\,\text{dB}$，阻带最小衰减 $\alpha_s = 33\,\text{dB}$。

解　先用巴特沃斯滤波器在模拟域完成模拟低通滤波器的设计，再采用脉冲响应不变法完成 IIR 数字低通滤波器设计。

下面介绍设计时需要调用的函数。

1. $[N, wc]=$ buttord(wp, ws, arphap, arphas, 's')

此函数返回巴特沃斯滤波器的参数 N 和 wc。其中，wp 为通带截止频率，ws 为阻带截止频率，单位均为 rad/s，arphap 为通带最大衰减，arphas 为阻带最小衰减，单位均为 dB，参数 s 表示模拟滤波器；N 为滤波器阶数，wc 为 3 dB 截止频率。

2. $[B, A]=$ butter(N, wc, 's')

此函数返回巴特沃斯滤波器的分子和分母多项式的系数向量 B 和 A。其他参数同 buttord 的参数意义。

3. $[Bz, Az]=$ impinvar(B, A, 1/T)

此函数返回用脉冲响应不变法设计的 IIR 数字滤波器的系统函数分子和分母多项式的系数向量 Bz 和 Az。其他参数同 butter 的参数意义。$1/T$ 表示采样频率。

4. $[h, w]=$ freqz(Bz, Az, w)

此函数返回以向量 Bz 和 Az 为系统函数分子和分母多项式系数的数字滤波器的幅度特性 h 和频率 w。其他参数同 impinvar 的参数意义。

设计滤波器的 MATLAB 程序如下：

```
clear all;close all;clc;
T=0.15;wp=0.2 * pi;ws=0.5 * pi;wpm=wp/T;wsm=ws/T;
arphap=1.1;arphas=33;
[Nm, wcm]=buttord(wpm, wsm, arphap, arphas, 's');
[Bm, Am]=butter(Nm, wcm, 's');
[Bz, Az]=impinvar(Bm, Am, 1/T);
w=0:pi/180:pi;
[h, w]=freqz(Bz, Az, w);
subplot(211)
plot(w, 20 * log10(abs(h)), 'k');axis([0 pi −70 0]);
xlabel('\omega');ylabel('幅度/dB');title('T=0.15');
T=0.6;wp=0.2 * pi;ws=0.5 * pi;wpm=wp/T;wsm=ws/T;
arphap=1.1;arphas=33;
[Nm, wcm]=buttord(wpm, wsm, arphap, arphas, 's');
[Bm, Am]=butter(Nm, wcm, 's');
[Bz, Az]=impinvar(Bm, Am, 1/T);
w=0:pi/180:pi;
[h, w]=freqz(Bz, Az, w);
subplot(212)
plot(w, 20 * log10(abs(h)), 'k');axis([0 pi −70 0]);
xlabel('\omega');ylabel('幅度/dB');title('T=0.6');
```

程序运行结果如图 4.5.1 所示。

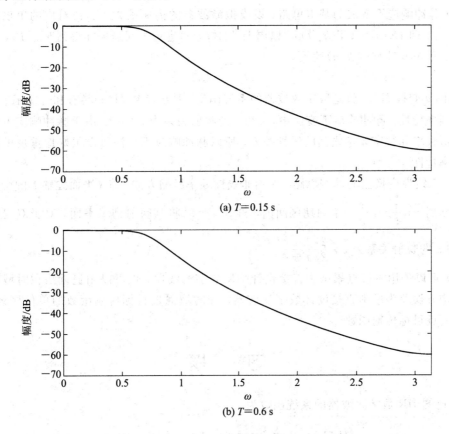

(a) $T=0.15$ s

(b) $T=0.6$ s

图 4.5.1　当 $T=0.15$ s 和 $T=0.6$ s 时，IIR 数字低通滤波器幅频特性

小　　结

　　本章介绍信号流图、数字滤波器的基本概念、模拟滤波器设计的常见方法和步骤、无限脉冲响应(IIR)滤波器设计的模拟方法和数字方法，主要内容包括：

　　(1) 离散系统的信号流图表示，根据有无反馈可分为无限脉冲响应(IIR)网络基本结构和有限脉冲响应(FIR)网络基本结构。对于复杂的信号流图，采用状态变量分析法。

　　(2) 本书讨论经典滤波器，适用于干扰和信号频率处于不同频段的情况。数字滤波器按其时域序列的长短，可以分成无限脉冲响应(IIR)滤波器和有限脉冲响应(FIR)滤波器两类。IIR 数字滤波器的设计可以借助模拟滤波器完成，将模拟滤波器的传输函数 $H(s)$ 转换为数字滤波器的系统函数 $H(z)$ 即可。因为模拟滤波器的设计方法已经十分成熟，有很多设计方法可供选用，所以借助模拟滤波器设计 IIR 数字滤波器相对比较容易。IIR 数字滤波器也可以在 z 域或频域采用计算机辅助直接设计。常见的滤波器有低通、高通、带通和带阻滤波器。一般先设计低通滤波器的系统函数，再通过频率变换，形成其他类型滤波器的系统函数。

　　(3) 对于巴特沃斯模拟低通滤波器和切比雪夫模拟低通滤波器，设计时根据技术指标，按照公式可以求得滤波器的传输函数。

(4) 脉冲响应不变法的基本思路：设模拟滤波器的传输函数 $H_a(s)$ 对应的单位冲激响应为 $h_a(t)$，即 $H_a(s)=\mathrm{LT}(h_a(t))$。以周期 T 对 $h_a(t)$ 进行等间隔采样得到 $h_a(nT)$，使数字滤波器的单位脉冲响应 $h(n)$ 满足

$$h(n) = h_a(nT)$$

则 $h(n)$ 的 z 变换 $H(z)$ 就是数字滤波器的系统函数，系统函数 $H(z)$ 具有和传输函数 $H_a(s)$ 类似的频率特性。脉冲响应不变法中，s 和 z 的映射关系为 $z=\mathrm{e}^{sT}$。由于脉冲响应不变法保持了模拟频率和数字频率之间的线性关系，所以脉冲响应不变法可以很好地重现模拟滤波器的频率特性。

(5) 双线性变换法的基本思路：先用非线性频率压缩方法，将 s 平面虚轴上的全部频率范围压缩到 $-\mathrm{j}\dfrac{\pi}{T}\sim\mathrm{j}\dfrac{\pi}{T}$ 一个周期区间内，再令 $z=\mathrm{e}^{sT}$ 将其映射到 z 平面。对于双线性变换法，s 和 z 的映射关系为 $z=\dfrac{2/T+s}{2/T-s}$。

(6) 可以采用零极点累试法直接设计 IIR 数字滤波器，也可以用逼近法在时域和频域以最小均方误差为准则直接设计数字滤波器。在时域逼近目标传输函数的单位序列响应，在频域逼近目标传输函数。

习　题

1. 已知 IIR 数字滤波器的系统函数为

$$H(z) = \frac{1+3z^{-2}}{1-3z^{-1}+2z^{-2}} \cdot \frac{1+2z^{-1}}{1-7z^{-1}+12z^{-2}}$$

分别画出其直接型、级联型和并联型网络结构。

2. 已知 FIR 数字滤波器的系统函数为

$$H(z) = \sum_{k=0}^{6}(3z)^{-k}$$

分别画出其直接型、级联型网络结构。

3. 设计巴特沃斯低通滤波器，使其通带截止频率为 $f_p=8\,\mathrm{MHz}$，通带最大衰减为 $\alpha_p=2\,\mathrm{dB}$，阻带截止频率为 $f_s=16\,\mathrm{MHz}$，阻带最小衰减为 $\alpha_s=35\,\mathrm{dB}$，求滤波器的归一化传输函数和非归一化的传输函数。

4. 设计切比雪夫低通滤波器，使其通带截止频率为 $f_p=8\,\mathrm{MHz}$，通带最大衰减为 $\alpha_p=0.6\,\mathrm{dB}$，阻带截止频率为 $f_s=12\,\mathrm{MHz}$，阻带最小衰减为 $\alpha_s=45\,\mathrm{dB}$，求滤波器的归一化传输函数和非归一化的传输函数。

5. 设计切比雪夫高通滤波器，使其通带截止频率为 $f_p=20\,\mathrm{MHz}$，通带最大衰减为 $\alpha_p=0.5\,\mathrm{dB}$，阻带截止频率为 $f_s=12\,\mathrm{MHz}$，阻带最小衰减为 $\alpha_s=45\,\mathrm{dB}$，求滤波器的归一化传输函数和非归一化的传输函数。

6. 已知模拟滤波器的传输函数如下：

(1) $H(s)=\dfrac{1}{1-3s+2s^2}$；

（2） $H(s) = \dfrac{1}{1 - s + s^2}$。

分别用脉冲响应不变法和双线性变换法将其转换为数字滤波器，求数字滤波器的系统函数 $H(z)$。

7. 设计切比雪夫高通滤波器，使其通带截止频率为 $f_p = 16\ \text{MHz}$，通带最大衰减为 $\alpha_p = 0.3\ \text{dB}$，阻带截止频率为 $f_s = 10\ \text{MHz}$，阻带最小衰减为 $\alpha_s = 45\ \text{dB}$，分别用脉冲响应不变法和双线性变换法将传输函数 $H(s)$ 转化为系统函数 $H(z)$。

8. 设计巴特沃斯带通滤波器，使其通带频率为 $16 \sim 20\ \text{MHz}$，通带最大衰减为 $\alpha_p = 2\ \text{dB}$，阻带截止频率为 $f_{s1} = 8\ \text{MHz}$ 和 $f_{s2} = 28\ \text{MHz}$，阻带最小衰减为 $\alpha_s = 30\ \text{dB}$，分别用脉冲响应不变法和双线性变换法将传输函数 $H(s)$ 转化为系统函数 $H(z)$。

9. 求图 2.1 所示模拟滤波器的传输函数 $H(s)$，分别用脉冲响应不变法和双线性变换法将传输函数 $H(s)$ 转化为系统函数 $H(z)$。

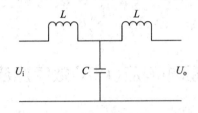

图 2.1　模拟滤波器

10. 直接设计 IIR 型数字高通滤波器，使其通带截止频率为 $\omega_p = 0.6\pi\ \text{rad}$，通带最大衰减为 $\alpha_p = 2\ \text{dB}$，阻带截止频率为 $\omega_s = 0.3\pi\ \text{rad}$，阻带最小衰减为 $\alpha_s = 30\ \text{dB}$，求系统函数 $H(z)$。

有限脉冲响应(FIR)数字滤波器的设计方法

FIR 滤波器能够满足幅频特性和线性相位特性的双重要求，并且具有稳定性的天然优势，获得了广泛的应用。

设 FIR 滤波器的单位脉冲响应 $h(n)$ 的长度为 N，其系统函数 $H(z)$ 为

$$H(z) = \sum_{n=0}^{N-1} h(n) z^{-n}$$

5.1 有限脉冲响应(FIR)数字滤波器的特性

5.1.1 FIR 滤波器的线性相位条件

1. FIR 滤波器的线性相位条件的基本概念

设 FIR 滤波器的单位脉冲响应 $h(n)$ 的长度为 N，其传输函数 $H(\omega)$ 为

$$H(\omega) = \sum_{n=0}^{N-1} h(n) e^{-j\omega n} \tag{5.1.1}$$

设

$$H(\omega) = H_g(\omega) e^{j\theta(\omega)} \tag{5.1.2}$$

式中，$H_g(\omega)$ 为实数，称为 $H(\omega)$ 的幅度特性，$H_g(\omega)$ 可正可负；$\theta(\omega)$ 称为 $H(\omega)$ 的相位特性。当 $\theta(\omega)$ 是 ω 的线性函数时，称 $H(\omega)$ 具有线性相位特性。线性相位用数学公式表达为

$$\frac{d\theta(\omega)}{d\omega} = -\tau \tag{5.1.3}$$

式中，$\dfrac{d\theta(\omega)}{d\omega}$ 称为群延迟，τ 为常数。

由式(5.1.3)，可得

$$\theta(\omega) = -\tau\omega \tag{5.1.4}$$

或

$$\theta(\omega) = \theta_0 - \tau\omega \tag{5.1.5}$$

式(5.1.4)称为第一类线性相位条件，式(5.1.5)称为第二类线性相位条件。

2. 第一类线性相位条件 FIR 滤波器的单位脉冲响应 $h(n)$ 的特点

定理 第一类线性相位条件 FIR 滤波器的单位脉冲响应 $h(n)$ 是实序列且关于 $(N-1)/2$ 偶对称，即满足：

$$h(n) = h(N-n-1) \tag{5.1.6}$$

证明　将式(5.1.6)代入传输函数 $H(\omega)$ 的定义式(5.1.1)，得

$$H(\omega) = \sum_{n=0}^{N-1} h(n) \mathrm{e}^{-\mathrm{j}\omega n} = \sum_{n=0}^{N-1} h(N-n-1) \mathrm{e}^{-\mathrm{j}\omega n}$$

令 $m = N - n - 1$，得

$$H(\omega) = \sum_{n=0}^{N-1} h(N-n-1) \mathrm{e}^{-\mathrm{j}\omega n} = \sum_{m=N-1}^{0} h(m) \mathrm{e}^{-\mathrm{j}\omega(N-m-1)}$$

$$= \mathrm{e}^{-\mathrm{j}\omega(N-1)} \sum_{m=0}^{N-1} h(m) \mathrm{e}^{\mathrm{j}\omega m}$$

因此

$$H(\omega) = \mathrm{e}^{-\mathrm{j}\omega(N-1)} H(-\omega) \tag{5.1.7}$$

因此可得

$$H(\omega) = \frac{1}{2}(H(\omega) + \mathrm{e}^{-\mathrm{j}\omega(N-1)} H(-\omega))$$

$$= \frac{1}{2}\left(\sum_{n=0}^{N-1} h(n)\mathrm{e}^{-\mathrm{j}\omega n} + \mathrm{e}^{-\mathrm{j}\omega(N-1)} \sum_{n=0}^{N-1} h(n)\mathrm{e}^{\mathrm{j}\omega n}\right)$$

$$= \frac{1}{2}\sum_{n=0}^{N-1} h(n)(\mathrm{e}^{-\mathrm{j}\omega n} + \mathrm{e}^{-\mathrm{j}\omega(N-1)} \mathrm{e}^{\mathrm{j}\omega n})$$

$$= \frac{1}{2}\mathrm{e}^{-\mathrm{j}\omega\frac{N-1}{2}}\sum_{n=0}^{N-1} h(n)(\mathrm{e}^{-\mathrm{j}\omega n}\mathrm{e}^{\mathrm{j}\omega\frac{N-1}{2}} + \mathrm{e}^{-\mathrm{j}\omega\frac{N-1}{2}}\mathrm{e}^{\mathrm{j}\omega n})$$

$$= \frac{1}{2}\mathrm{e}^{-\mathrm{j}\omega\frac{N-1}{2}}\sum_{n=0}^{N-1} h(n)\left(\mathrm{e}^{-\mathrm{j}\omega\left(n-\frac{N-1}{2}\right)} + \mathrm{e}^{\mathrm{j}\omega\left(n-\frac{N-1}{2}\right)}\right)$$

$$= \mathrm{e}^{-\mathrm{j}\omega\frac{N-1}{2}}\sum_{n=0}^{N-1} h(n)\cos\left(\omega\left(n-\frac{N-1}{2}\right)\right) \tag{5.1.8}$$

由于 $h(n)$ 是实序列，对比式(5.1.2)和式(5.1.8)，得

$$H_{\mathrm{g}}(\omega) = \sum_{n=0}^{N-1} h(n)\cos\left(\omega\left(n-\frac{N-1}{2}\right)\right) \tag{5.1.9}$$

$$\theta(\omega) = -\frac{N-1}{2}\omega = -\tau\omega \tag{5.1.10}$$

即 $H(\omega)$ 满足第一类线性相位条件。

3. 第二类线性相位条件 FIR 滤波器的单位脉冲响应 $h(n)$ 的特点

定理　第二类线性相位条件 FIR 滤波器的单位脉冲响应 $h(n)$ 是实序列且关于 $(N-1)/2$ 奇对称，即满足：

$$h(n) = -h(N-n-1) \tag{5.1.11}$$

证明　将式(5.1.11)代入传输函数 $H(\omega)$ 的定义式(5.1.1)，得

$$H(\omega) = \sum_{n=0}^{N-1} h(n)\mathrm{e}^{-\mathrm{j}\omega n} = -\sum_{n=0}^{N-1} h(N-n-1)\mathrm{e}^{-\mathrm{j}\omega n}$$

令 $m = N - n - 1$，得

$$H(\omega) = -\sum_{n=0}^{N-1} h(N-n-1)\mathrm{e}^{-\mathrm{j}\omega n} = -\sum_{m=N-1}^{0} h(m)\mathrm{e}^{-\mathrm{j}\omega(N-m-1)} = -\mathrm{e}^{-\mathrm{j}\omega(N-1)}\sum_{m=0}^{N-1} h(m)\mathrm{e}^{\mathrm{j}\omega m}$$

因此

$$H(\omega) = -\mathrm{e}^{-\mathrm{j}\omega(N-1)} H(-\omega) \tag{5.1.12}$$

因此可得

$$
\begin{aligned}
H(\omega) &= \frac{1}{2}\left(H(\omega) - \mathrm{e}^{-\mathrm{j}\omega(N-1)}H(-\omega)\right)\\
&= \frac{1}{2}\left(\sum_{n=0}^{N-1}h(n)\mathrm{e}^{-\mathrm{j}\omega n} - \mathrm{e}^{-\mathrm{j}\omega(N-1)}\sum_{n=0}^{N-1}h(n)\mathrm{e}^{\mathrm{j}\omega n}\right)\\
&= \frac{1}{2}\sum_{n=0}^{N-1}h(n)\left(\mathrm{e}^{-\mathrm{j}\omega n} - \mathrm{e}^{-\mathrm{j}\omega(N-1)}\mathrm{e}^{\mathrm{j}\omega n}\right)\\
&= \frac{1}{2}\mathrm{e}^{-\mathrm{j}\omega\frac{N-1}{2}}\sum_{n=0}^{N-1}h(n)\left(\mathrm{e}^{-\mathrm{j}\omega n}\mathrm{e}^{\mathrm{j}\omega\frac{N-1}{2}} - \mathrm{e}^{-\mathrm{j}\omega\frac{N-1}{2}}\mathrm{e}^{\mathrm{j}\omega n}\right)\\
&= \frac{1}{2}\mathrm{e}^{-\mathrm{j}\omega\frac{N-1}{2}}\sum_{n=0}^{N-1}h(n)\left(\mathrm{e}^{-\mathrm{j}\omega\left(n-\frac{N-1}{2}\right)} - \mathrm{e}^{\mathrm{j}\omega\left(n-\frac{N-1}{2}\right)}\right)\\
&= -\mathrm{j}\mathrm{e}^{-\mathrm{j}\omega\frac{N-1}{2}}\sum_{n=0}^{N-1}h(n)\sin\left(\omega\left(n-\frac{N-1}{2}\right)\right)\\
&= \mathrm{e}^{-\mathrm{j}\omega\frac{N-1}{2}-\mathrm{j}\frac{\pi}{2}}\sum_{n=0}^{N-1}h(n)\sin\left(\omega\left(n-\frac{N-1}{2}\right)\right)
\end{aligned}
\tag{5.1.13}
$$

由于 $h(n)$ 是实序列，对比式(5.1.2)和式(5.1.13)，得

$$
H_g(\omega) = \sum_{n=0}^{N-1}h(n)\sin\left(\omega\left(n-\frac{N-1}{2}\right)\right)
\tag{5.1.14}
$$

$$
\theta(\omega) = -\frac{N-1}{2}\omega - \frac{\pi}{2} = \theta_0 - \tau\omega
\tag{5.1.15}
$$

即 $H(\omega)$ 满足第二类线性相位条件。

5.1.2 线性相位 FIR 滤波器的幅度特性 $H_g(\omega)$ 的特点

1. 当 $h(n)=h(N-n-1)$ 且 N 为奇数时

此时，

$$
\begin{aligned}
H_g(\omega) &= \sum_{n=0}^{N-1}h(n)\cos\left(\omega\left(n-\frac{N-1}{2}\right)\right)\\
&= \sum_{n=0}^{(N-3)/2}h(n)\cos\left(\omega\left(n-\frac{N-1}{2}\right)\right) + h\left(\frac{N-1}{2}\right) + \sum_{n=(N+1)/2}^{N-1}h(n)\cos\left(\omega\left(n-\frac{N-1}{2}\right)\right)
\end{aligned}
$$

由于

$$
\begin{aligned}
&\sum_{n=(N+1)/2}^{N-1}h(n)\cos\left(\omega\left(n-\frac{N-1}{2}\right)\right)\\
&= \sum_{n=(N+1)/2}^{N-1}h(N-n-1)\cos\left(\omega\left(n-\frac{N-1}{2}\right)\right)\\
&= \sum_{n=0}^{(N-3)/2}h(n)\cos\left(\omega\left(n-\frac{N-1}{2}\right)\right)
\end{aligned}
$$

所以

$$
H_g(\omega) = \sum_{n=0}^{(N-3)/2}2h(n)\cos\left(\omega\left(n-\frac{N-1}{2}\right)\right) + h\left(\frac{N-1}{2}\right)
$$

令 $\dfrac{N-1}{2}-n=m$，得

$$H_g(\omega) = \sum_{m=1}^{(N-1)/2} 2h\left(\frac{N-1}{2} - m\right)\cos(\omega m) + h\left(\frac{N-1}{2}\right)$$

$$= \sum_{n=0}^{(N-1)/2} a(n)\cos(\omega n) \tag{5.1.16}$$

式中:

$$\begin{cases} a(0) = h\left(\dfrac{N-1}{2}\right) \\[2mm] a(n) = 2h\left(\dfrac{N-1}{2} - n\right), \ n = 1, 2, \cdots, \dfrac{N-1}{2} \end{cases}$$

显然,式(5.1.16)中,$H_g(\omega)$关于$\omega = 0$, π, 2π 偶对称。

2. 当 $h(n) = h(N-n-1)$ 且 N 为偶数时

此时,

$$H_g(\omega) = \sum_{n=0}^{N-1} h(n)\cos\left(\omega\left(n - \frac{N-1}{2}\right)\right)$$

$$= \sum_{n=0}^{N/2-1} h(n)\cos\left(\omega\left(n - \frac{N-1}{2}\right)\right) + \sum_{n=N/2}^{N-1} h(n)\cos\left(\omega\left(n - \frac{N-1}{2}\right)\right)$$

$$= \sum_{n=0}^{N/2-1} 2h(n)\cos\left(\omega\left(n - \frac{N-1}{2}\right)\right)$$

令 $N/2 - n = m$,得

$$H_g(\omega) = \sum_{m=1}^{N/2} 2h\left(\frac{N}{2} - m\right)\cos\left(\omega\left(m - \frac{1}{2}\right)\right) \tag{5.1.17}$$

将 m 换成 n,得

$$H_g(\omega) = \sum_{n=1}^{N/2} b(n)\cos\left(\omega\left(n - \frac{1}{2}\right)\right) \tag{5.1.18}$$

式中:

$$b(n) = 2h\left(\frac{N}{2} - n\right), \ n = 1, 2, \cdots, N/2$$

显然,在式(5.1.18)中,$H_g(\pi) = 0$ 且 $H_g(\omega)$关于 $\omega = \pi$ 奇对称,因此不能作为高通或带阻滤波器的传输函数。

3. 当 $h(n) = -h(N-n-1)$ 且 N 为奇数时

当 $n = (N-1)/2$ 时,

$$h\left(\frac{N-1}{2}\right) = -h\left(N - \frac{N-1}{2} - 1\right) = -h\left(\frac{N-1}{2}\right)$$

因此

$$h\left(\frac{N-1}{2}\right) = 0$$

因此

$$H_g(\omega) = \sum_{n=0}^{N-1} h(n)\sin\left(\omega\left(n - \frac{N-1}{2}\right)\right) = \sum_{n=0}^{(N-3)/2} 2h(n)\sin\left(\omega\left(n - \frac{N-1}{2}\right)\right)$$

令 $(N-1)/2 - n = m$,得

$$H_g(\omega) = -\sum_{m=1}^{(N-1)/2} c(m)\sin(\omega m)$$

将 m 换成 n，得

$$H_g(\omega) = -\sum_{n=1}^{(N-1)/2} c(n)\sin(\omega n) \tag{5.1.19}$$

式中：

$$c(n) = 2h((N-1)/2 - n), \quad n = 1, 2, \cdots, (N-1)/2$$

显然，由式(5.1.19)可知，$H_g(\omega)$ 在 $\omega = 0$，π，2π 为零且关于 $\omega = 0$，π，2π 奇对称。

4. 当 $h(n) = -h(N-n-1)$ 且 N 为偶数时

此时，

$$H_g(\omega) = \sum_{n=0}^{N-1} h(n)\sin\left(\omega\left(n - \frac{N-1}{2}\right)\right) = \sum_{n=0}^{N/2-1} 2h(n)\sin\left(\omega\left(n - \frac{N-1}{2}\right)\right)$$

令 $N/2 - n = m$，得

$$H_g(\omega) = -\sum_{m=1}^{N/2} 2h\left(\frac{N}{2} - m\right)\sin\left(\omega\left(m - \frac{1}{2}\right)\right)$$

将 m 换成 n，得

$$H_g(\omega) = -\sum_{n=1}^{N/2} d(n)\sin\left(\omega\left(n - \frac{1}{2}\right)\right) \tag{5.1.20}$$

式中，

$$d(n) = 2h\left(\frac{N}{2} - n\right), \quad n = 1, 2, \cdots, \frac{N}{2}$$

显然，由式(5.1.20)可知，$H_g(\omega)$ 在 $\omega = 0$，2π 为零且关于 $\omega = 0$，2π 奇对称，关于 $\omega = \pi$ 偶对称。

5.1.3　线性相位 FIR 滤波器的零点分布特点和网络结构特点

1. 线性相位 FIR 滤波器的零点分布特点

线性相位 FIR 滤波器的系统函数为

$$H(z) = \sum_{n=0}^{N-1} h(n)z^{-n} \tag{5.1.21}$$

由于线性相位 FIR 滤波器的单位脉冲响应 $h(n)$ 为实数，所以系统函数 $H(z)$ 的零点是共轭成对的。

由式(5.1.7)和式(5.1.12)，可得第一类和第二类线性相位滤波器的系统函数满足：

$$H(z) = \pm z^{-(N-1)} H(z^{-1}) \tag{5.1.22}$$

式(5.1.22)说明，如果 $z = z_i$ 为系统函数的零点，则 $1/z_i$ 也是系统函数的零点。

综上可知，如果线性相位 FIR 滤波器的系统函数 $H(z)$ 的一个零点为 $z = z_i$，则 $1/z_i$、z_i^*、$1/z_i^*$ 也为其零点。

2. 线性相位 FIR 滤波器的网络结构特点

线性相位 FIR 滤波器的单位脉冲响应 $h(n)$ 的长度为 N，如果 N 为偶数，则

$$H(z) = \sum_{n=0}^{N-1} h(n)z^{-n} = \sum_{n=0}^{N/2-1} h(n)z^{-n} + \sum_{n=N/2}^{N-1} h(n)z^{-n} \tag{5.1.23}$$

令 $N - n - 1 = m$，得

$$H(z) = \sum_{n=0}^{N/2-1} h(n)z^{-n} + \sum_{m=0}^{N/2-1} h(N-m-1)z^{-(N-m-1)} \tag{5.1.24}$$

因为 $h(n)=\pm h(N-n-1)$，所以

$$H(z) = \sum_{n=0}^{N/2-1} h(n)(z^{-n} \pm z^{-(N-n-1)}) \tag{5.1.25}$$

如果 N 为奇数，则

$$H(z) = \sum_{n=0}^{(N-1)/2-1} h(n)(z^{-n} \pm z^{-(N-n-1)}) + h\left(\frac{N-1}{2}\right)z^{-\frac{N-1}{2}} \tag{5.1.26}$$

如图 4.1.5 所示的 FIR 的直接型网络结构共需要 N 次乘法，而对于线性相位 FIR 滤波器，当 N 为偶数时，按式(5.1.25)，只需要 $N/2$ 次乘法；当 N 为奇数时，按式(5.1.26)，只需要 $(N+1)/2$ 次乘法，可节约一半的乘法计算量。式(5.1.25)和式(5.1.26)的网络结构分别如图 5.1.1 和图 5.1.2 所示。

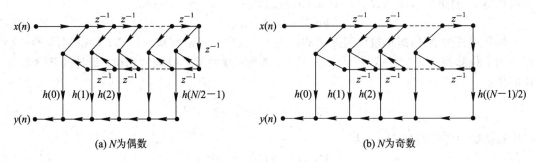

(a) N 为偶数   (b) N 为奇数

图 5.1.1 第一类线性相位滤波器网络结构

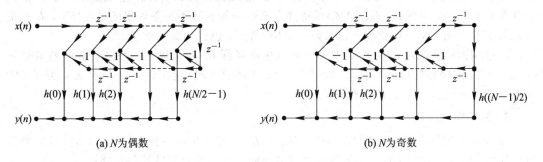

(a) N 为偶数   (b) N 为奇数

图 5.1.2 第二类线性相位滤波器网络结构

5.2 用窗函数法设计有限脉冲响应(FIR)数字滤波器

5.2.1 FIR 滤波器单位脉冲响应的截断效应和吉布斯(Gibbs)效应

1. 基本概念

设期望设计的目标滤波器的传输函数为 $H_d(\omega)$，其单位脉冲响应为 $h_d(n)$，则

$$H_d(\omega) = \sum_{n=-\infty}^{\infty} h_d(n)e^{-j\omega n} \tag{5.2.1}$$

$$h_d(n) = \frac{1}{2\pi}\int_{-\pi}^{\pi} H_d(\omega)e^{j\omega n}\,d\omega \tag{5.2.2}$$

理想的低通滤波器的传输函数为

$$H_d(\omega) = \sum_{n=-\infty}^{\infty} h_d(n) e^{-j\omega n} = \begin{cases} e^{-j\omega\alpha}, & |\omega| \leqslant \omega_c \\ 0, & \omega_c < \omega \leqslant \pi \end{cases} \qquad (5.2.3)$$

式中，α 为常数，ω_c 为通带截止频率。

$$h_d(n) = \frac{1}{2\pi} \int_{-\pi}^{\pi} H_d(\omega) e^{j\omega n} d\omega = \frac{1}{2\pi} \int_{-\omega_c}^{\omega_c} e^{j\omega\alpha} e^{j\omega n} d\omega = \frac{\sin(\omega_c(n-\alpha))}{\pi(n-\alpha)} \qquad (5.2.4)$$

显然，单位脉冲响应 $h_d(n)$ 为无限长序列，因而是非因果的。

理想低通滤波器是幅频性能最好的低通滤波器，理论意义上讲，总是希望设计的 FIR 滤波器的幅频特性和理想低通滤波器相同。但是由于理想低通滤波器的单位脉冲响应 $h_d(n)$ 为无限长序列并且非因果，实际上并不能实现，所以在实际设计 FIR 滤波器时，将 $h_d(n)$ 截取一段长为 N 的序列作为 FIR 滤波器的单位脉冲响应，记为 $h(n)$，最简单的方法是用长为 N 的矩形窗序列 $R_N(n)$ 对 $h_d(n)$ 截取，则

$$h(n) = h_d(n) R_N(n) \qquad (5.2.5)$$

如果用长为 N 的矩形窗序列 $R_N(n)$ 对 $h_d(n)$ 截取，使 $\alpha = (N-1)/2$，则得到的 FIR 滤波器的单位脉冲响应 $h(n)$ 关于 $\alpha = (N-1)/2$ 对称，滤波器具有线性相位。设计的 FIR 滤波器的系统函数 $H(z)$ 为

$$H(z) = \sum_{n=0}^{N-1} h(n) z^{-n} \qquad (5.2.6)$$

FIR 滤波器的传输函数 $H(\omega)$ 为

$$H(\omega) = H(z) \mid_{z=e^{j\omega}} \qquad (5.2.7)$$

显然，设计的 FIR 滤波器的传输函数 $H(\omega)$ 的幅频特性和目标传输函数 $H_d(\omega)$ 的幅频特性是有误差的，表现在 $H(\omega)$ 的幅频特性在阻带内的衰减不再是理想的最小值 0，在通带和阻带都有波动，这一现象称为吉布斯(Gibbs)效应，也称为截断效应。

应该指出，序列 $h(n)$ 的长度 N 越大，越接近目标 $h_d(n)$，则误差越小，截断效应越不明显，$H(\omega)$ 的幅频特性和目标传输函数 $H_d(\omega)$ 的幅频特性越接近。但 N 越大，实现 FIR 滤波器的成本越大，因此 N 不是越大越好。

2. 频率特性分析

设 $R_N(n)$ 的傅里叶变换为 $R_{NF}(\omega)$，考虑到 $h(n)$ 的傅里叶变换为 $H(\omega)$，$h_d(n)$ 的傅里叶变换为 $H_d(\omega)$，对式(5.2.5)等号两边做傅里叶变换，按照频域卷积定理有

$$H(\omega) = \frac{1}{2\pi} \int_{-\pi}^{\pi} H_d(\theta) R_{NF}(\omega-\theta) d\theta \qquad (5.2.8)$$

由于

$$R_{NF}(\omega) = \sum_{n=0}^{N-1} R_N(n) e^{-j\omega n} = \sum_{n=0}^{N-1} e^{-j\omega n} = \frac{1-e^{-j\omega N}}{1-e^{-j\omega}}$$

$$= \frac{e^{-j\omega N/2}(e^{j\omega N/2} - e^{-j\omega N/2})}{e^{-j\omega/2}(e^{j\omega/2} - e^{-j\omega/2})} = e^{-j\omega(N-1)/2} \frac{\sin\left(\omega \dfrac{N}{2}\right)}{\sin\left(\dfrac{\omega}{2}\right)}$$

$$= R_{NFg}(\omega) e^{-j\omega(N-1)/2} \qquad (5.2.9)$$

式中，

$$R_{NFg}(\omega) = \frac{\sin\left(\omega \dfrac{N}{2}\right)}{\sin\left(\dfrac{\omega}{2}\right)}$$

称为矩形窗频谱的幅度函数。

另外，将理想低通滤波器 $H_d(\omega)$ 写作幅度相位的标准形式为

$$H_d(\omega) = H_{dg}(\omega) e^{-j\omega\alpha} \tag{5.2.10}$$

式中，$H_{dg}(\omega)$ 为 $H_d(\omega)$ 的幅度特性函数，$\alpha = (N-1)/2$。$H_{dg}(\omega)$ 的表达式为

$$H_{dg}(\omega) = \begin{cases} 1, & |\omega| \leqslant \omega_c \\ 0, & \omega_c < |\omega| \leqslant \pi \end{cases} \tag{5.2.11}$$

将式(5.2.9)和式(5.2.10)代入式(5.2.8)，得

$$H(\omega) = \frac{1}{2\pi} \int_{-\pi}^{\pi} H_d(\theta) R_{NF}(\omega-\theta) d\theta = \frac{1}{2\pi} \int_{-\pi}^{\pi} H_{gd}(\theta) e^{-j\theta\alpha} R_{NFg}(\omega-\theta) e^{-j(\omega-\theta)\alpha} d\theta$$

$$= e^{-j\omega\alpha} \frac{1}{2\pi} \int_{-\pi}^{\pi} H_{dg}(\theta) R_{NFg}(\omega-\theta) d\theta \tag{5.2.12}$$

将 $H(\omega)$ 写作幅度相位的标准形式为

$$H(\omega) = H_g(\omega) e^{-j\omega\alpha} \tag{5.2.13}$$

式中，

$$H_g(\omega) = \frac{1}{2\pi} \int_{-\pi}^{\pi} H_{dg}(\theta) R_{NFg}(\omega-\theta) d\theta \tag{5.2.14}$$

称为 $H(\omega)$ 的幅度特性函数，即设计的滤波器的频谱幅度特性函数 $H_g(\omega)$，等于理想低通滤波器的频谱幅度特性函数 $H_{dg}(\omega)$ 和矩形窗的频谱幅度特性函数 $R_{NFg}(\omega)$ 的卷积。设计的滤波器的频谱幅度特性函数 $H_g(\omega)$、理想低通滤波器的频谱幅度特性函数 $H_{dg}(\omega)$ 和矩形窗的频谱幅度特性函数 $R_{NFg}(\omega)$ 如图 5.2.1 所示。

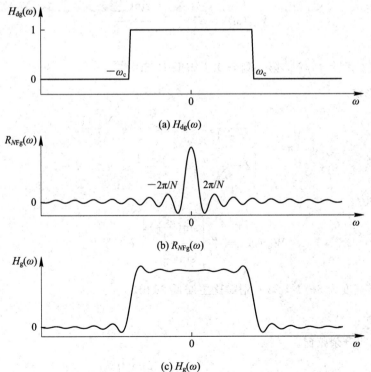

(a) $H_{dg}(\omega)$

(b) $R_{NFg}(\omega)$

(c) $H_g(\omega)$

图 5.2.1　理想低通、矩形窗和设计的滤波器的频谱幅度 $H_{dg}(\omega)$、$R_{NFg}(\omega)$ 和 $H_g(\omega)$

由 $R_{NFg}(\omega)=0$ 可求得其主瓣两侧的零点为 $\omega=-2\pi/N$ 和 $\omega=2\pi/N$，如图 5.2.1(b)所示，图中的 ω_c 表示理想低通滤波器的截止频率。由卷积计算的过程和图 5.2.1(b)可知，设计的滤波器的过渡带为 $\omega_c\pm2\pi/N$ 和 $-\omega_c\pm2\pi/N$，过渡带宽为 $4\pi/N$，等于 $R_{NFg}(\omega)$ 的主瓣宽度；设计的滤波器的通带内有波动，阻带内也有波动，最大的负峰在 $\omega_c+2\pi/N$ 和 $-\omega_c-2\pi/N$，最大的正峰在 $\omega_c-2\pi/N$ 和 $-\omega_c+2\pi/N$。$R_{NFg}(\omega)$ 的主瓣宽度决定波动的快慢，$R_{NFg}(\omega)$ 旁瓣的大小直接影响通带和阻带内波动的大小。这一现象即为吉布斯(Gibbs)效应。

由于设计的滤波器的过渡带宽等于窗函数频谱幅度特性的主瓣宽度 $4\pi/N$，因此可以增大 N 以减小过渡带宽。但增大矩形窗函数的长度 N 对减少带内波动和提高阻带衰减无能为力，减少带内波动和提高阻带衰减只有采用其他窗函数解决。

5.2.2　FIR 滤波器设计常用的窗函数

用 $\omega(n)$ 表示窗函数，窗函数法可以表示为

$$h(n) = h_d(n)\omega(n) \tag{5.2.15}$$

式中，$h_d(n)$ 为理想低通滤波器的单位脉冲响应，$h(n)$ 为设计的低通滤波器的单位脉冲响应。

1. 矩形窗

$$\omega_R(n) = R_N(n) \tag{5.2.16}$$

前面已经分析过了，其傅里叶变换为式(5.2.9)，即

$$W_R(\omega) = e^{-j\omega(N-1)/2}\frac{\sin(\frac{\omega N}{2})}{\sin(\frac{\omega}{2})} \tag{5.2.17}$$

$W_R(\omega)$ 的主瓣宽度为 $4\pi/N$，第一副瓣比主瓣低 13 dB。

2. 三角形窗

$$\omega_{Br}(n) = \begin{cases} \dfrac{2n}{N-1}, & 0\leqslant n\leqslant\dfrac{N-1}{2} \\ 2-\dfrac{2n}{N-1}, & \dfrac{N-1}{2}<n\leqslant N-1 \end{cases} \tag{5.2.18}$$

其傅里叶变换为

$$W_{Br}(\omega) = \frac{2}{N}\left[\frac{\sin(\frac{\omega N}{4})}{\sin(\frac{\omega}{2})}\right]^2 e^{-j\omega(N+1)/2} \tag{5.2.19}$$

$W_{Br}(\omega)$ 的主瓣宽度为 $8\pi/N$，第一副瓣比主瓣低 26 dB。

3. 汉宁窗

汉宁窗也叫升余弦窗。

$$\omega_{Hn}(n) = 0.5\left(1-\cos\left(\frac{2\pi n}{N-1}\right)\right)R_N(n) \tag{5.2.20}$$

令

$$W_{\text{Rg}}(\omega) = \frac{\sin(\frac{\omega N}{2})}{\sin(\frac{\omega}{2})}$$

此式是矩形窗傅里叶变换的幅度特性函数。

汉宁窗的傅里叶变换为

$$W_{\text{Hn}}(\omega) = \left(0.5W_{\text{Rg}}(\omega) + 0.25\left(W_{\text{Rg}}\left(\omega - \frac{2\pi}{N-1}\right) + W_{\text{Rg}}\left(\omega + \frac{2\pi}{N-1}\right)\right)\right)e^{-j\omega(N-1)/2}$$

$$(5.2.21)$$

$W_{\text{Hn}}(\omega)$ 的主瓣宽度为 $8\pi/N$，第一副瓣比主瓣低 31 dB。

4. 哈明窗

哈明窗也叫改进的升余弦窗。

$$\omega_{\text{Hm}}(n) = \left(0.54 - 0.46\cos\left(\frac{2\pi n}{N-1}\right)\right)R_N(n) \qquad (5.2.22)$$

其频谱特性的幅度特性函数为

$$W_{\text{Hm}}(\omega) = 0.54W_{\text{Rg}}(\omega) + 0.23\left(W_{\text{Rg}}\left(\omega - \frac{2\pi}{N-1}\right) + W_{\text{Rg}}\left(\omega + \frac{2\pi}{N-1}\right)\right)$$

$$(5.2.23)$$

哈明窗的主瓣宽度为 $8\pi/N$，第一副瓣比主瓣低 40 dB。

5. 布莱克曼窗

$$\omega_{\text{Bl}}(n) = \left(0.42 - 0.5\cos\left(\frac{2\pi n}{N-1}\right) + 0.08\cos\left(\frac{4\pi n}{N-1}\right)\right)R_N(n) \qquad (5.2.24)$$

其频谱特性的幅度特性函数为

$$W_{\text{Bl}}(\omega) = 0.42W_{\text{Rg}}(\omega) + 0.25\left(W_{\text{Rg}}\left(\omega - \frac{2\pi}{N-1}\right) + W_{\text{Rg}}\left(\omega + \frac{2\pi}{N-1}\right)\right) +$$

$$0.04\left(W_{\text{Rg}}\left(\omega - \frac{4\pi}{N-1}\right) + W_{\text{Rg}}\left(\omega + \frac{4\pi}{N-1}\right)\right) \qquad (5.2.25)$$

布莱克曼窗的主瓣宽度为 $12\pi/N$，第一副瓣比主瓣低 57 dB。

6. 凯赛-贝塞尔窗

$$\omega_k(n) = \frac{I_0(\beta)}{I_0(\alpha)}, \quad 0 \leqslant n \leqslant N-1 \qquad (5.2.26)$$

式中：

$$\beta = \alpha\sqrt{1 - \left(\frac{2n}{N-1} - 1\right)^2}$$

$I_0(x)$ 为零阶第一类修正贝塞尔函数，解析式为

$$I_0(x) = 1 + \sum_{k=1}^{\infty}\left(\frac{1}{k!}\left(\frac{x}{2}\right)^k\right)^2$$

$I_0(x)$ 取前 15 至 20 项即可达到较为理想的精度。参数 α 用于调节窗的形状，参数 α 越大，

主瓣越宽，旁瓣幅度越小。当 $4<\alpha<9$ 时，可取得满意的窗形状；当 $\alpha=5.44$ 时，窗形状接近哈明窗；当 $\alpha=7.865$ 时，窗形状接近布莱克曼窗。

凯赛-贝塞尔窗频谱特性的幅度特性函数为

$$W_k(\omega) = \omega_k(0) + 2\sum_{n=1}^{(N-1)/2} \omega_k(n)\cos(\omega n) \tag{5.2.27}$$

凯赛-贝塞尔窗的性能如表 5.2.1 所列举。

表 5.2.1　凯赛-贝塞尔窗的性能

α	过渡带宽	通带纹波/dB	阻带最小衰减/dB
2.120	$3\pi/N$	± 0.27	-30
3.384	$4.86\pi/N$	± 0.0864	-40
4.538	$5.86\pi/N$	± 0.0274	-50
5.568	$7.24\pi/N$	± 0.00868	-60
6.764	$8.64\pi/N$	± 0.000275	-70
7.865	$10\pi/N$	± 0.000868	-80
8.960	$11.4\pi/N$	± 0.000275	-90

5.2.3　利用窗函数设计 FIR 滤波器

利用窗函数设计 FIR 滤波器的步骤如下：

(1) 根据技术要求确定目标滤波器的单位序列响应 $h_d(n)$。

在工程中，经常给定单位序列响应 $h_d(n)$ 的频谱函数 $H_d(\omega)$，按下式求单位序列响应 $h_d(n)$：

$$h_d(n) = \frac{1}{2\pi}\int_{-\pi}^{\pi} H_d(\omega)\mathrm{e}^{j\omega n}\,\mathrm{d}\omega \tag{5.2.28}$$

如果按此解析式求解比较复杂，可以取 ω 在 0 至 2π 的 M 个采样点的频谱值 $H_d(2\pi k/M)$，$k=0,1,2,\cdots,M-1$。此时，式(5.2.28)中的 $\mathrm{d}\omega$ 简化为 $2\pi/M$，式(5.2.28)变为

$$h_M(n) = \frac{1}{M}\sum_{k=0}^{M-1} H_d(2\pi k/M)\mathrm{e}^{j2\pi kn/M} \tag{5.2.29}$$

式(5.2.29)实际是 IDFT 计算公式。按照频域采样定理，$h_M(n)$ 和 $h_d(n)$ 的关系为

$$h_M(n) = \sum_{r=-\infty}^{\infty} h_d(n+rM) \tag{5.2.30}$$

选择较大的 M，使在窗口内 $h_M(n)$ 和 $h_d(n)$ 相同即可。

在工程中，还有一种情况是只给出边界频率及通带最大衰减和阻带最小衰减。这时，直接选用理想低通滤波器作为目标函数即可，有

$$h_d(n) = \frac{\sin(\omega_c(n-\alpha))}{\pi(n-\alpha)},\ \alpha=(N-1)/2 \tag{5.2.31}$$

(2) 根据过渡带宽度要求和阻带衰减要求，选择窗函数和窗口长度 N。在保证技术指

标满足要求的前提下,尽量选择主瓣窄的窗函数 $\omega(n)$。

(3) 由目标单位序列响应 $h_d(n)$ 和窗函数 $\omega(n)$,按式(5.2.15)计算 $h(n)$。

(4) 由 $h(n)$ 计算滤波器的传输函数 $H(\omega)$ 并验证技术指标是否达标,计算按下式进行:

$$H(\omega) = \sum_{n=0}^{N-1} h(n) e^{-j\omega n}$$

此式是离散时间傅里叶计算公式,可按 FFT 进行。如果得到的滤波器的技术指标不满足要求,根据具体情况重复第(2)~(4)步,直到满足技术要求为止。

例 5.2.1 设 $\omega_c = 0.2\pi\,\text{rad}$,分别用矩形窗、汉宁窗和布莱克曼窗设计 $N=11$ 的 FIR 滤波器。

解 用理想低通滤波器作为目标滤波器,则目标单位序列响应 $h_d(n)$ 为

$$\alpha = \frac{N-1}{2} = 5$$

$$h_d(n) = \frac{\sin(\omega_c(n-\alpha))}{\pi(n-\alpha)} = \frac{\sin(0.2\pi(n-5))}{\pi(n-5)}, \ n = 0, 1, 2, \cdots, 10$$

用矩形窗设计:

$$h(n) = h_d(n) R_{11}(n)$$

用汉宁窗设计:

$$h(n) = h_d(n) \omega_{Hn}(n), \ n = 0, 1, 2, \cdots, 10$$

$$\omega_{Hn}(n) = 0.5\left(1 - \cos\frac{n\pi}{5}\right), \ n = 0, 1, 2, \cdots, 10$$

用布莱克曼窗设计:

$$h(n) = h_d(n) \omega_{Bl}(n), \ n = 0, 1, 2, \cdots, 10$$

$$\omega_{Bl}(n) = \left(0.42 - 0.5\cos\frac{n\pi}{5} + 0.08\cos\frac{2n\pi}{5}\right) R_{11}(n), \ n = 0, 1, 2, \cdots, 10$$

根据 $h(n)$ 求 $H(\omega)$,计算公式为

$$H(\omega) = \sum_{n=0}^{N-1} h(n) e^{-j\omega n}$$

幅度特性曲线如图 5.2.2 所示。比较三个结果的幅度特性可知,矩形窗过渡带最窄,但阻带衰减最小;布莱克曼窗过渡带最宽,但阻带衰减最大。

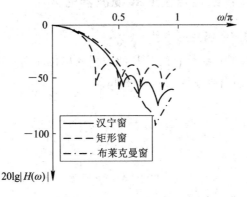

图 5.2.2 例 5.2.1 设计的滤波器的幅度特性曲线

5.3　用频率取样法设计有限脉冲响应(FIR)数字滤波器

5.3.1　频率取样法设计 FIR 滤波器的步骤

频率取样法设计 FIR 滤波器的步骤如下：

（1）设目标滤波器的传输函数为 $H_d(\omega)$，对其在区间 $[0, 2\pi)$ 取 N 个等间隔采样值 $H_d(k)$：

$$H_d(k) = H_d(\omega)\mid_{\omega=\frac{2\pi}{N}k}, \quad k = 0, 1, 2, \cdots, N-1 \tag{5.3.1}$$

（2）对 $H_d(k)$ 进行 IDFT，得到设计滤波器的单位序列响应 $h(n)$，即

$$h(n) = \frac{1}{N}\sum_{k=0}^{N-1}H_d(k)e^{j\frac{2\pi}{N}kn}, \quad n = 0, 1, 2, \cdots, N-1 \tag{5.3.2}$$

（3）计算设计的滤波器的系统函数，即

$$H(z) = \sum_{n=0}^{N-1}h(n)z^{-n} \tag{5.3.3}$$

也可按频域采样定理，由式(3.3.9)和采样值 $H_d(k)$ 直接得到，计算公式为

$$H(z) = \frac{1-z^{-N}}{N}\sum_{k=0}^{N-1}\frac{H_d(k)}{1-e^{j\frac{2\pi}{N}k}z^{-1}} \tag{5.3.4-1}$$

令 $z=e^{j\omega}$，由式(5.3.4-1)得到的传输函数为

$$H(\omega) = \sum_{k=0}^{N-1}H_d(k)\Phi\left(\omega-\frac{2\pi}{N}k\right) \tag{5.3.4-2}$$

式中：

$$\Phi(\omega) = \frac{1}{N}\frac{\sin(\frac{\omega N}{2})}{\sin(\frac{\omega}{2})}e^{-j\omega\frac{N-1}{2}}$$

（4）检验系统函数的频谱特性是否满足要求，如果不满足要求，调整采样点并重复第 (1)~(3)步，直到满足要求为止。

5.3.2　频率取样法设计线性相位 FIR 滤波器的方法

1. 线性相位 FIR 滤波器满足的条件

由前面的分析已经知道，线性相位 FIR 滤波器的单位序列响应 $h(n)$ 必为实序列且满足 $h(n)=h(N-n-1)$，其频谱函数满足的条件如下：

如果

$$H_d(\omega) = H_g(\omega)e^{j\theta(\omega)} \tag{5.3.5}$$

则有

$$\theta(\omega) = -\frac{N-1}{2}\omega \tag{5.3.6}$$

$$H_g(\omega) = H_g(2\pi-\omega), \quad N \text{ 为奇数} \tag{5.3.7}$$

$$H_g(\omega) = -H_g(2\pi-\omega), \quad N \text{ 为偶数} \tag{5.3.8}$$

2. 用频率采样法设计线性相位 FIR 滤波器满足的条件

用频率采样法设计线性相位 FIR 滤波器时频率采样点为

$$\omega_k = \frac{2\pi}{N}k, \quad k = 0, 1, 2, \cdots, N-1$$

在式(5.3.5)~式(5.3.8)中令 $\omega = \omega_k$，得

$$H_d(k) = H_g(k)e^{j\theta(k)} \tag{5.3.9}$$

$$\theta(k) = -\frac{N-1}{2}\frac{2\pi}{N}k = -\frac{N-1}{N}\pi k \tag{5.3.10}$$

$$H_g(k) = H_g(N-k), \quad N \text{ 为奇数} \tag{5.3.11}$$

$$H_g(k) = -H_g(N-k), \quad N \text{ 为偶数} \tag{5.3.12}$$

式(5.3.9)~式(5.3.12)就是用频率采样法设计线性相位 FIR 滤波器满足的条件。

3. 基于理想低通滤波器的频率采样法设计线性相位 FIR 滤波器满足的条件

如果以理想低通滤波器为目标滤波器，其截止频率为 $\omega_c = \frac{2\pi}{N}k_c$，若采样点数为 N，则 $H_g(k)$ 和 $\theta(k)$ 按下式确定:

当 N 为奇数时，有

$$\begin{cases} H_g(k) = H_g(N-k-1) = 1, & 0 \leqslant k \leqslant k_c \\ H_g(k) = 0, & k_c < k \leqslant N-k_c-1 \\ \theta(k) = -\frac{N-1}{N}k\pi, & 0 \leqslant k \leqslant N-1 \end{cases} \tag{5.3.13}$$

当 N 为偶数时，有

$$\begin{cases} H_g(k) = 1, & 0 \leqslant k \leqslant k_c \\ H_g(k) = 0, & k_c < k \leqslant N-k_c-1 \\ H_g(N-k) = -1, & 0 \leqslant k \leqslant k_c \\ \theta(k) = -\frac{N-1}{N}k\pi, & 0 \leqslant k \leqslant N-1 \end{cases} \tag{5.3.14}$$

如果由 $\omega_c = \frac{2\pi}{N}k_c$ 确定的 k_c 不是整数，则 k_c 取小于等于 $\frac{N}{2\pi}\omega_c$ 的最大整数。

5.3.3　频率取样法设计线性相位 FIR 滤波器的误差分析

由频域采样定理式(3.3.5)可知，利用频率采样法设计的滤波器 $h(n)$ 和 $h_d(n)$ 的关系为

$$h(n) = \sum_{r=-\infty}^{\infty} h_d(n+rN)R_N(n) \tag{5.3.15}$$

实践和理论已经证明，如果目标滤波器的传输函数 $H_d(\omega)$ 存在不连续的间断点，则其对应的单位序列响应 $h_d(n)$ 是无限长的，由式(5.3.15)可知，这样会造成时域混叠，使 $h(n)$ 和 $h_d(n)$ 出现偏差。

而在频域，按照式(5.3.4-2)可知，在频率采样点设计滤波器的传输函数 $H(\omega)$ 和目标滤波器的传输函数 $H_d(\omega)$ 的取值相等，而在采样点之间，两者之间的误差与目标滤波器的传输函数 $H_d(\omega)$ 的平滑程度有关，目标滤波器的传输函数 $H_d(\omega)$ 越平滑，误差越小，间断点处误差最大。解决的方法是先在目标滤波器的传输函数 $H_d(\omega)$ 的间断点处插值，使其尽可能地平滑，然后以插值后的传输函数作为目标滤波器的传输函数设计滤波器。例如，对

于理想低通滤波器的频谱幅度特性函数，可以在截止频率 ω_c 附近插值，使幅度曲线的不连续点变成平滑过渡，如图 5.3.1 所示，其中的 H_1、H_2 和 H_3 点为插值。这样设计的滤波器虽然过渡带有所增大，但会明显地增大阻带衰减。

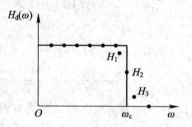

图 5.3.1　理想低通滤波器频谱幅度曲线插值

例 5.3.1　设计线性相位低通滤波器，使截止频率 $\omega_c = \pi/2$ rad，滤波器的单位序列响应 $h(n)$ 长 $N=33$，且 $h(n)=h(N-n-1)$。

解　取理想低通滤波器作为目标滤波器，按照式(5.3.13)，有

$$H_g(k) = H_g(N-k-1) = 1, \ k = 0, 1, 2, \cdots, 8$$
$$H_g(k) = 0, \ k = 9, 10, 11, \cdots, 24$$
$$\theta(k) = -\frac{32}{33}k\pi, \ k = 0, 1, 2, \cdots, 32$$

令目标滤波器为

$$H_d(k) = H_g(k)e^{j\theta(k)}$$

对 $H_d(k)$ 计算 IDFT，得到 $h(n)$，其频谱的幅度特性如图 5.3.2(a)所示。阻带最小衰减略低于 -20 dB。如果增加一个过渡点 $H_1 = 0.5$，结果如图 5.3.2(b)所示，过渡带增大但最小衰减达到 -30 dB。如果使过渡点 $H_1 = 0.3904$，结果如图 5.3.2(c)所示，最小衰减达到 -40 dB。

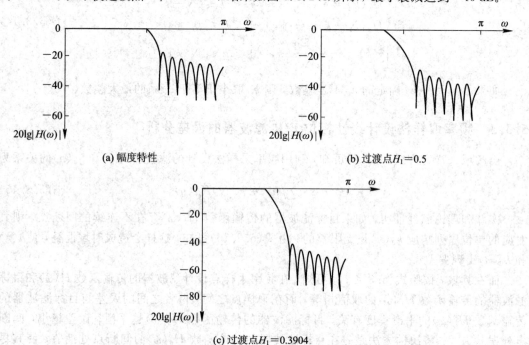

(a) 幅度特性　　　　　　　　　　　(b) 过渡点 $H_1 = 0.5$

(c) 过渡点 $H_1 = 0.3904$

图 5.3.2　例 5.3.1 设计的滤波器的频谱幅度特性曲线

5.4　FIR 和 IIR 数字滤波器的比较

IIR 和 FIR 滤波器是数字滤波器的两种常见形式，各有优缺点。优缺点主要表现在以下四个方面：

(1) IIR 数字滤波器的极点分布在单位圆内，而 FIR 数字滤波器的极点为零点。这使得对于相同的滤波器幅度设计指标，IIR 滤波器的阶数相对于 FIR 数字滤波器低。但 IIR 数字滤波器会造成相位的非线性失真，如果要获得线性相位，需要另外增加相位矫正网络，而 FIR 数字滤波器容易实现线性相位。

(2) IIR 数字滤波器的信号流图网络结构是递归结构，因为存在反馈支路，所以存在稳定性问题；而 FIR 数字滤波器的信号流图网络结构是非递归结构，不存在反馈支路，永远稳定，因此不存在稳定性问题。

(3) IIR 数字滤波器的设计可以借助模拟滤波器的成熟理论和方法实现，而 FIR 数字滤波器设计不能借助模拟滤波器的理论和方法。有一些模拟滤波器存在解析式，可以直接用来设计 IIR 数字滤波器，使设计的过程简化，而 FIR 数字滤波器设计没有这个优势。

(4) IIR 数字滤波器设计的脉冲响应不变法和双线性变换法从 s 域到 z 域的变换均有缺陷，因此常用于设计分段常数的滤波器，而 FIR 数字滤波器的设计方法灵活多样，可以达到很多 IIR 滤波器达不到的技术指标。

综上，IIR 和 FIR 滤波器各有所长，根据实际应用场合的具体要求和限制，可以选择采用适合的滤波器。

5.5　MATLAB 应用举例——用窗函数法设计 FIR 数字滤波器

例 5.5.1　分别用矩形窗、汉宁窗、哈明窗和布莱克曼窗设计 FIR 数字低通滤波器，使滤波器满足：滤波器的长度 $N=33$，通带截止频率 $\omega_p=0.3\pi$ rad。

解　设计滤波器时需要调用窗函数 win＝boxcar(N)。此函数调用矩形窗函数，其中 N 为窗长度，返回值 win 是窗向量。其他的窗函数和调用矩形窗类似。调用汉宁窗函数、哈明窗函数和布莱克曼窗函数依次用 hanning(N)、hamming(N)和 blackman(N)语句。

以通带截止频率 $\omega_p=0.3\pi$ rad 作为理想低通滤波器的截止频率。

设计滤波器的 MATLAB 程序如下：

```
clear all;
close all;
clc;
w=－pi:pi/256:255 * pi/256;
N=33;
a=(N－1)/2;
wp=0.3 * pi;
n=－a:1:a;
```

```
n＝n.'＋eps;
hd＝sin(wp * n)./(n * pi);
win1＝boxcar(N);
win2＝hanning(N);
win3＝hamming(N);
win4＝blackman(N);
h1＝hd. * win1;
h2＝hd. * win2;
h3＝hd. * win3;
h4＝hd. * win4;
hf1＝20 * log10(abs(fft(h1,512)));
hf2＝20 * log10(abs(fft(h2,512)));
hf3＝20 * log10(abs(fft(h3,512)));
hf4＝20 * log10(abs(fft(h4,512)));
hg1＝[hf1(257:512);hf1(1:256)];
hg2＝[hf2(257:512);hf2(1:256)];
hg3＝[hf3(257:512);hf3(1:256)];
hg4＝[hf4(257:512);hf4(1:256)];
plot(w,hg1,w,hg2,'一',w,hg3,':',w,hg4,'一一');
axis([-4  4  -140  10]);
legend('矩形窗','汉宁窗','哈明窗','布莱克曼窗');
xlabel('\omega ');
ylabel('幅度/dB');
set(gcf,'color','w');
```

程序运行结果如图 5.5.1 所示。

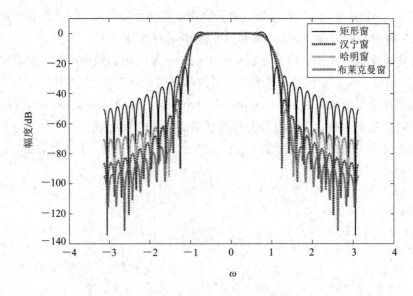

图 5.5.1　用窗函数法设计 FIR 数字低通滤波器图示

小　结

本章介绍有限脉冲响应数字滤波器(FIR)的设计方法,讨论有限脉冲响应数字滤波器(FIR)的特性,主要内容包括:

(1) 第一类线性相位条件 FIR 滤波器单位脉冲响应 $h(n)$ 是实序列且关于 $(N-1)/2$ 偶对称,第二类线性相位条件 FIR 滤波器单位脉冲响应 $h(n)$ 是实序列且关于 $(N-1)/2$ 奇对称。满足线性相位条件的有限脉冲响应数字滤波器(FIR)的频率幅度特性曲线具有对称性。

(2) 以理想低通滤波器为目标滤波器,在时域设计有限脉冲响应低通数字滤波器时可以采用窗函数法设计。窗函数法在时域对理想低通滤波器的单位序列响应加窗截取后,用有限长序列作为设计的数字低通滤波器的单位序列响应。常见的窗函数包括矩形窗、三角形窗、汉宁窗、哈明窗、布莱克曼窗和凯赛-贝塞尔窗。用不同的窗函数设计的滤波器有不同的性能。

(3) 以低通滤波器的传输函数为目标,在频域设计有限脉冲响应低通数字滤波器时可以采用频域取样法设计。对目标滤波器的传输函数在区间 $[0,2\pi)$ 上取 N 个等间隔采样值 $H_d(k)$,可先对 $H_d(k)$ 进行 IDFT 得到设计滤波器的单位序列响应 $h(n)$,再对 $h(n)$ 进行 z 变换得到系统函数。

(4) IIR 和 FIR 滤波器作为数字滤波器的两种常见形式各有优缺点。

习　题

1. 当 N 阶 FIR 滤波器的单位序列响应为下列情况时,分别分析其频率幅度特性和相位特性并画出滤波器结构图。

(1) $N=5$, $h(0)=h(4)=3$, $h(1)=h(3)=1$, $h(2)=4$;

(2) $N=6$, $h(0)=h(5)=4$, $h(1)=h(4)=-1$, $h(2)=h(3)=2$;

(3) $N=5$, $h(0)=-h(4)=3$, $h(1)=-h(3)=1$, $h(2)=4$;

(4) $N=6$, $h(0)=-h(5)=4$, $h(1)=-h(4)=-1$, $h(2)=-h(3)=2$。

2. 设 FIR 滤波器的系统函数为

$$H(z) = 0.2 + 1.8z^{-1} + 4.2z^{-2} + 1.8z^{-3} + 0.2z^{-4}$$

求滤波器的单位序列响应 $h(n)$,分析其频率幅度特性和相位特性,并画出滤波器结构图。

3. 理想低通滤波器的传输函数为

$$H_d(\omega) = \sum_{n=-\infty}^{\infty} h_d(n) e^{-j\omega n} = \begin{cases} e^{-j\omega\alpha}, & |\omega| \leqslant \omega_c \\ 0, & \omega_c < |\omega| \leqslant \pi \end{cases}$$

用矩形窗设计线性相位 FIR 低通滤波器逼近理想低通滤波器。

(1) 求 $h_d(n)$;

(2) 求设计的 FIR 低通滤波器的单位序列响应 $h(n)$;

(3) 单位序列响应 $h(n)$ 的长度 N 对滤波器的频率特性有何影响?

4. 理想高通滤波器的传输函数为

$$H_{\mathrm{d}}(\omega) = \sum_{n=-\infty}^{\infty} h_{\mathrm{d}}(n) \mathrm{e}^{-j\omega n} = \begin{cases} \mathrm{e}^{-j\omega a}, & \omega_{\mathrm{c}} \leqslant \omega \leqslant \pi \\ 0, & |\omega| < \omega_{\mathrm{c}} \end{cases}$$

用矩形窗设计线性相位 FIR 高通滤波器逼近理想高通滤波器。

(1) 求 $h_{\mathrm{d}}(n)$；

(2) 求设计的 FIR 高通滤波器的单位序列响应 $h(n)$；

(3) 单位序列响应 $h(n)$ 的长度 N 对滤波器的频率特性有何影响？

5. 理想带通滤波器的传输函数为

$$H_{\mathrm{d}}(\omega) = \sum_{n=-\infty}^{\infty} h_{\mathrm{d}}(n) \mathrm{e}^{-j\omega n} = \begin{cases} \mathrm{e}^{-j\omega a}, & \omega_{\mathrm{c}} \leqslant |\omega| \leqslant \omega_{\mathrm{c}} + B \\ 0, & 其他 \end{cases}$$

式中，B 为带宽。用矩形窗设计线性相位 FIR 带通滤波器逼近理想带通滤波器。

(1) 求 $h_{\mathrm{d}}(n)$；

(2) 求设计的 FIR 带通滤波器的单位序列响应 $h(n)$；

(3) 单位序列响应 $h(n)$ 的长度 N 对滤波器的频率特性有何影响？

6. FIR 低通滤波器的单位序列响应为 $h(n)$，如果另一滤波器的单位序列响应为 $h_1(n)$，且 $h_1(n) = (-1)^n h(n)$，证明 $h_1(n)$ 为高通滤波器的响应。

7. FIR 低通滤波器的单位序列响应为 $h(n)$，如果另一滤波器的单位序列响应为 $h_1(n)$，且 $h_1(n) = 2h(n)\cos(\omega_0 n)$，$\omega_{\mathrm{c}} < \omega_0 < \pi - \omega_{\mathrm{c}}$，证明 $h_1(n)$ 为带通滤波器的响应。

8. 设一个线性相位带通滤波器的传输函数为

$$H(\omega) = H_{\mathrm{g}}(\omega) \mathrm{e}^{j\varphi(\omega)}$$

证明传输函数

$$H_1(\omega) = (1 - H_{\mathrm{g}}(\omega)) \mathrm{e}^{j\varphi(\omega)}$$

为线性相位带阻滤波器，并写出两者单位序列响应的关系。

9. 希尔伯特滤波器的传输函数为

$$H_{\mathrm{d}}(\omega) = \begin{cases} -j, & 0 < \omega < \pi \\ 0, & \omega = 0, \pm \pi \\ j, & -\pi < \omega < 0 \end{cases}$$

求滤波器的单位序列响应。

10. 数字微分器的传输函数为

$$H_{\mathrm{d}}(\omega) = \begin{cases} j\omega, & |\omega| < \pi \\ 0, & \omega = 0, \pm \pi \end{cases}$$

求滤波器的单位序列响应。

11. 用频率采样法设计长度 $N = 20$ 的 FIR 低通滤波器。设给定滤波器的频率采样值为

$$H_{\mathrm{dg}}(k) = \begin{cases} 1, & k = 0, 1, 2, 3, 4 \\ 0.9, & k = 5 \\ 0.4, & k = 6 \\ 0, & k = 7, 8, 9 \end{cases}$$

求滤波器的单位序列响应。

12. 分别用矩形窗、三角形窗、汉宁窗、哈明窗、布莱克曼窗和凯赛-贝塞尔窗设计线性相位 FIR 数字低通滤波器，要求通带截止频率 $\omega_c = \pi/3$，长度 $N=25$，求其单位序列响应，比较其幅频特性。

13. 分别用矩形窗、三角形窗、汉宁窗、哈明窗、布莱克曼窗和凯赛-贝塞尔窗设计线性相位 FIR 数字高通滤波器，要求通带截止频率 $\omega_c = \pi/3$，长度 $N=25$，求其单位序列响应，并比较其幅频特性。

14. 用频率采样法设计长度 $N=35$ 的 FIR 带通滤波器。目标滤波器为理想带通滤波器，其传输函数为

$$H_d(\omega) = \sum_{n=-\infty}^{\infty} h_d(n) e^{-j\omega n} = \begin{cases} 1, & 0.5\pi \leqslant |\omega| \leqslant 0.8\pi \\ 0, & \text{其他} \end{cases}$$

求设计的 FIR 带通滤波器的单位序列响应。

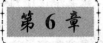

MATLAB 数字信号处理上机实验

6.1　离散时间信号的运算

1. 实验目的

(1) 熟悉常见基本离散时间信号的特点和 MATLAB 产生。

(2) 熟悉离散时间信号加减乘除、移位、翻转等基本运算。

(3) 熟悉离散时间信号的卷积运算。

2. 实验原理和方法

常见基本离散时间信号包括单位序列、单位阶跃序列、矩形序列、正弦序列、复指数序列等。

1) 单位序列 $\delta(n)$ 的产生

单位序列 $\delta(n)$ 的产生有三种方法：① 按照定义；② 用 zeros 函数产生零向量，再令 $n=0$ 时其值为 1；③ 用逻辑关系产生。

zeros 函数调用方法为

$$x = \text{zeros}(1, N); \tag{6.1.1}$$

产生 $\delta(n)$ 的方法为

$$x = [1 \ \text{zeros}(1, N)]; \tag{6.1.2}$$

用逻辑关系产生 $\delta(n)$ 的方法为

$$x = [(n - n_0) == 0]; \tag{6.1.3}$$

2) 单位阶跃序列 $\varepsilon(n)$ 的产生

单位阶跃序列 $\varepsilon(n)$ 的产生有三种方法：① 按照定义；② 用 zeros 函数产生零向量，用 ones 函数产生全 1 向量，再将两者组合形成新向量；③ 用逻辑关系产生。

ones 函数调用方法为

$$x = \text{ones}(1, N); \tag{6.1.4}$$

产生 $\varepsilon(n)$ 的方法为

$$x = [\text{zeros}(1, N_1) \ \text{ones}(1, N_2)]; \tag{6.1.5}$$

用逻辑关系产生 $\varepsilon(n)$ 的方法为

$$x = [n >= n_0]; \tag{6.1.6}$$

3) 矩形序列 $R_N(n)$ 的产生

矩形序列 $R_N(n)$ 的产生有三种方法：① 按照定义；② 用 zeros 函数产生零向量，用

ones 函数产生全 1 向量，再将两者组合形成新向量；③ 用逻辑关系产生。

用逻辑关系产生 $R_N(n)$ 的方法为

$$n = -3 : 1 : (N+6); \quad x = [(n>=0) \& (n<=N)]; \tag{6.1.7}$$

4）正弦序列

序列在 MATLAB 中为向量，相乘用符号".＊"。符号"＊"表示矩阵乘法。

5）复指数序列

设序列 $x_1(n)(n_0^1 \leqslant n \leqslant n_1^1)$ 的长度为 N，序列 $x_2(n)(n_0^2 \leqslant n \leqslant n_1^2)$ 的长度为 M，则两者的卷积 $x(n)(n_0^1+n_0^2 \leqslant n \leqslant n_1^1+n_1^2)$ 的长度为 $L=M+N-1$。卷积可按定义，也可用函数 conv 实现。函数 conv 的调用方法为

$$x = \text{conv}(x_1, x_2); \tag{6.1.8}$$

3. 实验内容和步骤

（1）产生单位序列 $\delta(n-3)$、阶跃序列 $\varepsilon(n-3)$，验证单位序列和阶跃序列的关系。

（2）产生矩形序列 $R_6(n-3)$、阶跃序列 $\varepsilon(n-3)$ 和 $\varepsilon(n-9)$，验证矩形序列和阶跃序列的关系。

（3）产生下列序列：

① $x_1(n) = 2\sin(\pi n/6 + \pi/6) + \cos(\pi n/12 + \pi/3)$，$-10 \leqslant n \leqslant 30$；

② 用翻转和移位计算 $y(n) = 2x(-n+2)$，其中的 $x(n)$ 同①；

③ $x_2(n) = 2e^{(0.1+j\pi/4)n}$，$0 \leqslant n \leqslant 20$，画出其虚部、实部、幅度和相位；

④ 求①和③序列的卷积。

4. 思考题

（1）比较翻转、移位计算和直接用解析式计算的结果。

（2）如果改变①和③序列的范围，取 $x_1(n)$，$0 \leqslant n \leqslant 20$，取 $x_2(n)$，$-5 \leqslant n \leqslant 20$，结果如何？

（3）分析①和③序列的周期性。

5. 实验报告要求

（1）简述实验目的、原理。

（2）写出程序代码和仿真结果。

（3）回答思考题。

6.2　离散时间信号的频域分析

1. 实验目的

（1）熟悉离散时间信号的傅里叶变换和 MATLAB 实现。

（2）熟悉周期序列的傅里叶级数展开和 MATLAB 实现。

（3）熟悉周期序列的傅里叶变换和 MATLAB 实现。

2. 实验原理和方法

周期序列的傅里叶级数和傅里叶变换的公式为式(2.2.7)、式(2.2.10)和式(2.2.14)。

这里只介绍离散时间信号傅里叶变换的 MATLAB 实现原理。

离散时间傅里叶变换（Discrete-Time Fourier Transformation，DTFT）为连续函数，MATLAB 无法表示连续函数，只能将数字角频率 ω 表示为等间隔的离散序列，间隔越小越接近连续函数。DTFT 有两种方法：① 按定义；② 调用 freqz 函数。

1）按定义求 DTFT

设长为 N 的序列 $x(n)$ 的 DTFT 为 $X(\omega)$，由于 $X(\omega)$ 是以 2π 为周期的函数，将 ω 在 $[-\pi, \pi]$ 表示为离散序列

$$\omega = -\pi\pi/180\pi;$$
$$M = \text{length}(\omega);$$

MATLAB 中数字角频率用 ω 表示，$\text{length}(\omega)$ 表示离散序列 ω 的长度。令

$$\boldsymbol{n} = [0, 1, \cdots, n_i, \cdots, N-1]$$
$$\boldsymbol{x} = [x(0), x(1), \cdots, x(n_i), \cdots, x(N-1)]^{\text{T}}$$
$$\boldsymbol{\omega} = [\omega_1, \omega_2, \cdots, \omega_k, \cdots, \omega_M]^{\text{T}}$$
$$\boldsymbol{X} = [X(\omega_1), X(\omega_2), \cdots, X(\omega_M)]^{\text{T}}$$

则

$$\boldsymbol{X} = e^{-jn\omega} * \boldsymbol{x}$$

用 MATLAB 语言表示为

$$X = \exp(-j * \omega * n) * x;$$

2）调用 freqz 函数求 DTFT

调用方式为

$$[H,\omega] = \text{freqz}(b,a,M);$$

式中，H 为 $X(\omega)$；ω 为数字角频率向量，在区间 $[0, \pi)$ 等间隔取值；b 表示时域序列 $x(n)$；$a=1$；M 表示数字角频率向量 ω 的元素个数。如果省略 M，则系统默认为 512。

$$[H,\omega] = \text{freqz}(b,a,M,'whole');$$

表示 ω 在区间 $[0, 2\pi)$ 等间隔取值。

3. 实验内容和步骤

（1）求序列 $x(n)=0.5^n\varepsilon(n)$ 的 DTFT。

（2）求序列 $x(n)=0.5^n\sin(\pi n/16)\varepsilon(n)$ 的 DTFT。

（3）设序列 $x(n)=R_5(n)$，以 10 为周期拓展成周期函数 $x_{10}(n)$，求 $x(n)=R_5(n)$ 的 DTFT；求 $x_{10}(n)$ 的离散傅里叶级数 DFS；求 $x_{10}(n)$ 的傅里叶变换 DTFT；比较三者之间的关系。

4. 思考题

结合序列 DTFT 存在的条件，解释为什么周期函数的 DTFT 不能按定义求得。

5. 实验报告要求

（1）简述实验目的、原理。

（2）写出程序代码和仿真结果。

（3）回答思考题。

6.3　离散傅里叶变换和快速傅里叶变换

1. 实验目的

(1) 熟悉离散傅里叶变换和 MATLAB 实现。

(2) 熟悉离散傅里叶变换的性质。

(3) 熟悉快速傅里叶变换及谱分析。

2. 实验原理和方法

(1) 设长为 N 的序列 $x(n)$，$n=0,1,2,\cdots,N-1$ 的 DFT 为 $X(k)$，$k=0,1,2,\cdots,N-1$。令

$$W_N = e^{-j\frac{2\pi}{N}}$$
$$\boldsymbol{x} = [x(0),\ x(1),\ \cdots,\ x(n_i),\ \cdots,\ x(N-1)]^{\mathrm{T}}$$
$$\boldsymbol{n} = [0,\ 1,\ \cdots,\ n_i,\ N-1]$$
$$\boldsymbol{k} = [0,\ 1,\ \cdots,\ k,\ \cdots,\ N-1]^{\mathrm{T}}$$
$$\boldsymbol{X} = [X(0),\ X(1),\ \cdots,\ X(N-1)]^{\mathrm{T}}$$

则

$$\boldsymbol{X} = W_N^{n*k} * \boldsymbol{x}$$
$$\boldsymbol{x} = \frac{1}{N} W_N^{-n*k} * \boldsymbol{X}$$

(2) 快速傅里叶变换可以按定义编写基-2 时分和基-2 频分的 FFT 算法，也可以在 MATLAB 中直接调用 fft 函数。求长度为 K 的序列 $x(n)$ 的 FFT 的调用方法为

$$y = \mathrm{fft}(x);$$

可计算出 K 点 FFT。也可指定做 N 点 FFT，调用方法为

$$y = \mathrm{fft}(x,\ N);$$

如果序列的长度小于 N，则将序列用零补成长度 N，再做 FFT；如果序列的长度大于 N，则将序列截断成长度 N，再做 FFT。

(3) 快速傅里叶逆变换可以调用函数 ifft，方法和 fft 函数相同。

3. 实验内容和步骤

(1) 设 $x_1(n)=R_3(n)$，$x_2(n)=R_4(n)$，$y(n)$ 为 $x_1(n)$ 和 $x_2(n)$ 的 8 点循环卷积，$y(n)$、$x_1(n)$、$x_2(n)$ 的 8 点 DFT 依次为 $Y(k)$、$X_1(k)$、$X_2(k)$。分别画出 $y(n)$、$x_1(n)$、$x_2(n)$、$|Y(k)|$、$|X_1(k)|$、$|X_2(k)|$ 的图形。

(2) 设序列 $x(n)=R_{60}(n)$，按 DFT 定义、基-2 时分和基-2 频分的 FFT 算法分别计算傅里叶变换，画出幅度频谱，比较计算速度。

(3) 已知信号 $x_a(t)=\cos(2\pi f_1 t)+4\cos(2\pi f_2 t)+4\cos(2\pi f_3 t)$，其中 $f_1=22\ \mathrm{kHz}$，$f_2=23\ \mathrm{kHz}$，$f_3=24\ \mathrm{kHz}$。分别取信号长度为 64 和 256，分别作 256 和 1024 点 FFT，画出幅度频谱。

4. 思考题

循环卷积和线性卷积有何区别和联系。

5. 实验报告要求

(1) 简述实验目的、原理。

(2) 写出程序代码和仿真结果。

(3) 回答思考题。

6.4 z 变 换

1. 实验目的

(1) 熟悉序列 z 变换和 MATLAB 实现。

(2) 用 z 变换分析序列频谱。

(3) 熟悉系统函数的零极点分布和因果稳定性、幅频响应的关系。

2. 实验原理和方法

(1) 由系统的时域线性常系数差分方程求系统单位序列响应，在 MATLAB 中调用 filter 函数即可实现。

filter 函数调用格式为

$$y = \mathrm{filter}(\boldsymbol{b}, \boldsymbol{a}, \boldsymbol{x}, \mathbf{xi});$$

式中，x 是输入的信号向量；$\boldsymbol{b}$、$\boldsymbol{a}$ 是系统的时域线性常系数差分方程的系数向量；$\mathbf{xi}$ 是等效初始条件的输入向量，如果系统初始状态为零状态，则 $\mathbf{xi}$ 可以不写。

$\boldsymbol{b}$、$\boldsymbol{a}$ 可以分别表示为

$$\boldsymbol{b} = [b_0, b_1, \cdots, b_M]$$
$$\boldsymbol{a} = [a_0, a_1, \cdots, a_N]$$

注意：这里要求 $a_0 = 1$。

系统初始状态 $\mathbf{xi}$ 可以调用 filtic 函数产生，调用格式为

$$\mathbf{xi} = \mathrm{filtic}(\boldsymbol{b}, \boldsymbol{a}, \mathbf{ys}, \mathbf{xs});$$

其中，$\mathbf{ys}$ 和 $\mathbf{xs}$ 为初始条件向量，可以表示为

$$\mathbf{ys} = [y(-1), y(-2), \cdots, y(-N)]$$
$$\mathbf{xs} = [x(-1), x(-2), \cdots, x(-M)]$$

当输入序列为因果序列时，$\mathbf{xs} = \boldsymbol{0}$，此时调用 filtic 函数时不必写出 $\mathbf{xs}$。

(2) 由系统的时域线性常系数差分方程求系统单位序列响应，在 MATLAB 中调用 impz 函数也可实现，调用语句为

$$[h, n] = \mathrm{impz}(\boldsymbol{b}, \boldsymbol{a}, N);$$

式中，N 表示返回的单位序列响应的长度，$0 \leqslant n \leqslant N-1$；$\boldsymbol{b}$、$\boldsymbol{a}$ 是系统的时域线性常系数差分方程的系数向量，定义和 filter 函数一致。

(3) z 逆变换用 IZT 表示，留数法求 IZT 可以用 MATLAB 中的函数 residuez 完成，调用语句为

$$[\boldsymbol{R}, \boldsymbol{P}, \boldsymbol{K}] = \mathrm{residuez}(\boldsymbol{B}, \boldsymbol{A});$$

式中，$\boldsymbol{B}$ 和 $\boldsymbol{A}$ 分别为系统函数 $H(z)$ 的分子多项式和分母多项式的系数向量；$\boldsymbol{R}$ 为留数列向量；$\boldsymbol{P}$ 为极点列向量。当系统函数 $H(z)$ 分子多项式的最高次数大于分母多项式的最高次

时，会形成一个多项式和一个真分式的和，真分式的系数向量为 K。当系统函数 $H(z)$ 为真分式时，K 为空。

（4）由多项式的根求其系数可调用函数 poly，调用语句为

$$b = \text{poly}(r);$$

式中，r 为根向量；b 为多项式系数向量。

（5）由多项式的系数求其根可调用函数 roots，调用语句为

$$r = \text{roots}(b);$$

式中，r 为根向量；b 为多项式系数向量。

（6）由系统函数 $X(z)$ 求其频率响应可以调用函数 freqz，调用语句为

$$[H, W] = \text{freqz}(B, A, N);$$

式中，B 和 A 分别为系统函数 $H(z)$ 分子多项式和分母多项式的系数向量；H 为区间 $[0, \pi]$ 的 N 点复频率响应向量；W 为区间 $[0, \pi]$ 的 N 点频率向量。N 可以省略，当省略时系统默认为 512 点。当区间为 $[0, 2\pi]$ 时，可以调用

$$[H, W] = \text{freqz}(B, A, N, '\text{whole}');$$

如果要求频率向量 W 的频率响应，可以调用

$$H = \text{freqz}(B, A, W);$$

（7）系统函数 $H(z)$ 零极点的绘制可用函数 zplane，调用语句为

$$\text{zplane}(z, p);$$

或

$$\text{zplane}(B, A);$$

式中，z 为零点向量；p 为极点向量。

3. 实验内容和步骤

（1）设序列 $x(n) = R_8(n)$，求其 z 变换并判断其收敛性，并画出其零极点分布图。

（2）设 $H(z) = \dfrac{1 + 3z^{-1} + 2z^{-2}}{(1 - z^{-1})(1 + z^{-2})}$，画出其零极点分布图并求其逆变换。

（3）设因果序列的差分方程为

$$y(n) + 0.9y(n-1) = x(n) - 0.9x(n-1)$$

求系统函数和单位序列响应，并画出其零极点分布图和频率响应曲线。

（4）设 $H(z) = \dfrac{1 - z^{-1}}{1 + 3z^{-1} + 2z^{-2}}$，画出其零极点分布图和频率响应曲线。

4. 思考题

为何因果稳定系统的系统函数的极点必分布在 z 平面单位圆内？

5. 实验报告要求

（1）简述实验目的、原理。

（2）写出程序代码和仿真结果。

（3）回答思考题。

6.5　用脉冲响应不变法设计 IIR 数字滤波器

1. 实验目的

(1) 熟悉设计 IIR 数字滤波器的脉冲响应不变法的原理。

(2) 熟悉脉冲响应不变法的设计方法。

(3) 熟悉脉冲响应不变法的设计步骤。

2. 实验原理和方法

用脉冲响应不变法设计 IIR 数字滤波器可以按步骤编写程序，也可以调用函数 impinvar，调用语句为

$$[\mathbf{Bz}, \mathbf{Az}] = \text{impinvar}(\mathbf{B}, \mathbf{A}, \text{Fs});$$

式中，$\mathbf{B}$ 和 $\mathbf{A}$ 分别为模拟滤波器传输函数 $H(s)$ 分子多项式和分母多项式的系数向量；$\mathbf{Bz}$ 和 $\mathbf{Az}$ 分别为数字滤波器系统函数 $H(z)$ 分子多项式和分母多项式的系数向量；Fs 为采样频率，单位为 Hz。

3. 实验内容和步骤

(1) 当采样间隔为 $T=0.01\,\text{s}$ 或 $0.02\,\text{s}$ 或 $0.06\,\text{s}$ 时，分别设计 IIR 低通数字滤波器，使通带截止频率 $\omega_p=0.12\pi\,\text{rad}$，阻带截止频率 $\omega_s=0.24\pi\,\text{rad}$，通带最大衰减 $\alpha_p=0.9\,\text{dB}$，阻带最小衰减 $\alpha_s=32\,\text{dB}$。

(2) 当采样间隔为 $T=0.01\,\text{s}$ 或 $0.02\,\text{s}$ 或 $0.06\,\text{s}$ 时，分别设计 IIR 低通数字滤波器，使通带模拟截止频率 $\Omega_p=120\,000\pi\,\text{rad/s}$，阻带模拟截止频率 $\omega_s=240\,000\pi\,\text{rad/s}$，通带最大衰减 $\alpha_p=0.9\,\text{dB}$，阻带最小衰减 $\alpha_s=32\,\text{dB}$。

4. 思考题

低通滤波器的技术指标如何变换成高通、带通、带阻滤波器的技术指标？变换一般在模拟频率域完成，在数字频率域可以完成吗？

5. 实验报告要求

(1) 简述实验目的、原理。

(2) 写出程序代码和仿真结果。

(3) 回答思考题。

6.6　用窗函数法设计有限脉冲响应(FIR)数字滤波器

1. 实验目的

(1) 熟悉常见线性相位 FIR 滤波器的特点和幅度响应。

(2) 熟悉常见窗函数和 MATLAB 实现。

(3) 熟悉窗函数法设计 FIR 滤波器的原理。

(4) 熟悉窗函数法设计 FIR 滤波器的方法和步骤。

2. 实验原理和方法

(1) 矩形窗、三角形窗、汉宁窗、哈明窗、布莱克曼窗和凯赛-贝塞尔窗可以根据定义设计，也可以直接在 MATLAB 中调用，调用语句依次为

$$w = boxcar(N);$$
$$w = triangle(N);$$
$$w = hanning(N);$$
$$w = hamming(N);$$
$$w = blackman(N);$$
$$w = kaiser(N);$$

式中，N 为序列长度。

(2) 窗函数 FIR 滤波器可以按步骤设计，也可以直接调用 MATLAB 函数。调用语句为

$$h = fir1(N, Wn, 'type', win)$$

式中，N 为滤波器长度；Wn 为对 π 的归一化 3 dB 通带截止频率；当 type 为 low 时表示低通滤波器，为 high 时表示高通滤波器，为 stop 时表示带阻滤波器；win 表示加窗的类型，当 win 省略时默认为哈明窗；h 为单位序列响应。

另外，Wn 可以为范围 $[\omega_1, \omega_2]$，表示通带为 $\omega_1 < \omega < \omega_2$。

3. 实验内容和步骤

(1) 分别画出长度 $N=128$ 的矩形窗、三角形窗、汉宁窗、哈明窗、布莱克曼窗和凯赛-贝塞尔窗的单位序列响应和频率幅度特性曲线。

(2) 分别用矩形窗、三角形窗、汉宁窗、哈明窗、布莱克曼窗和凯赛-贝塞尔窗设计 $N=32$、通带截止频率 $\omega_p = 0.12\pi$ rad 的 FIR 低通滤波器，验证滤波器的线性相位特性。

(3) 分别用矩形窗、三角形窗、汉宁窗、哈明窗、布莱克曼窗和凯赛-贝塞尔窗设计 FIR 带通滤波器，满足：

$$\begin{cases} \omega_{pl} = 0.42\pi, \ \omega_{ph} = 0.63\pi, \ \omega_{sl} = 0.21\pi, \ \omega_{sh} = 0.84\pi \\ \alpha_{pl} = 1.1 \ dB, \ \alpha_{ph} = 1.1 \ dB, \ \alpha_{sl} = 61 \ dB, \ \alpha_{sh} = 61 \ dB, \end{cases}$$

4. 思考题

FIR 滤波器和 IIR 滤波器各有哪些优缺点？IIR 滤波器能否实现线性相位？为什么 FIR 滤波器是稳定系统？

5. 实验报告要求

(1) 简述实验目的、原理。

(2) 写出程序代码和仿真结果。

(3) 回答思考题。

6.7　滤波器设计工具 FDATool 和信号分析工具 SPTool

1. 实验目的

(1) 熟悉 MATLAB 的滤波器设计和信号分析工具 FDATool 和 SPTool。

（2）用滤波器设计和分析工具 FDATool 设计和分析滤波器。

（3）用信号分析工具 SPTool 分析信号。

2. 实验原理和方法

（1）在 MATLAB 的命令行输入 FDATool，即可启动该工具箱设计滤波器，如图 6.7.1 所示。

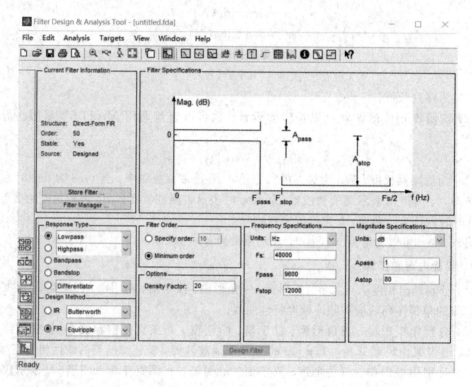

图 6.7.1　FDATool 窗口界面图

① 滤波器设计：

a. FIR 滤波器设计时的参数设置如下：

· 响应类型（Response Type）：包括低通、高通、带通、带阻等。

· 设计方法（Design Method）：包括等纹波、最小均方、窗函数等。

· 阶数（Filter Order）：可以指定或选最小阶数。

· 频率特性（Frequency Specification）：包括频率单位、采样频率、通带频率和阻带频率。

· 幅度特性（Magnitude Specification）：包括单位、通带最大衰减和阻带最小衰减。

b. IIR 滤波器设计时的参数设置和 FIR 滤波器设计时的参数设置基本相同，但响应类型和设计方法有所不同。

② 滤波器导出：通过 FDATool 窗口界面菜单 File→Export 即可完成。

③ 滤波器分析：利用 FDATool 窗口界面的快捷按钮即可完成，包括幅度响应、相位响应、幅度与相位响应、群延迟、相位延迟、单位序列响应、单位阶跃响应、零极点图和滤波器系数。

（2）在 MATLAB 的命令行输入 SPTool 即可启动该工具箱，如图 6.7.2 所示。

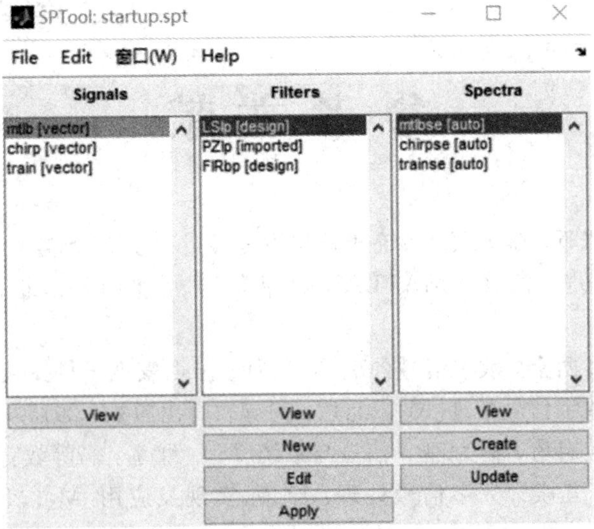

图 6.7.2　SPTool 窗口界面图

①　数据导入：通过 SPTool 窗口界面菜单 File→Import，可以将信号、滤波器和频谱导入，导入后显示在图 6.7.2 相应的栏中。当信号从当前工作空间导入时，需要将工作空间的数据通过箭头置入 DATA 栏和采样频率栏。当滤波器导入时，需要导入分子和分母向量；当频谱导入时，需要导入频谱向量和频率向量。

②　信号的时域分析：用图 6.7.2 中 Signals 区的 View 按钮查看，在弹出的窗口中可以对信号进行测量。

③　滤波器设计和滤波：用图 6.7.2 中 Filters 区的 View 按钮查看滤波器的频率特性，还可以用 New 按钮设计新滤波器，用 Edit 按钮编辑滤波器，Apply 按钮用选中的滤波器对信号进行滤波。

④　信号的频谱分析：在图 6.7.2 中 Signals 区选择一个信号，用 Spectra 区的 View 按钮可以查看其频谱，也可以用 Spectra 区的 Create 和 Update 按钮产生和更新频谱。可以比较 Spectra 区的频谱数据，同时按 Alt＋Shift 键后用鼠标选两个信号，点击 View 按钮可以同时显示两个频谱，并进行比较。

3．实验内容和步骤

（1）分别建立一个信号数据、一个滤波器数据和一个功率谱数据，将其导入 SPTool 工作区并查看。

（2）利用 FDATool 设计一个等纹波滤波器，使采样频率为 12 000 Hz，通带截止频率为 4000 Hz，阻带最低频率为 5000 Hz，通带最大衰减为 0.9 dB，阻带最小衰减为 56 dB。

（3）用 SPTool 分析上面用 FDATool 设计的滤波器的性能。

4．实验报告要求

（1）简述实验目的、原理。

（2）写出程序代码和仿真结果。

参 考 文 献

[1]　罗国勋，罗昕，蒋天颖. 系统建模与仿真[M]. 北京：高等教育出版社，2011.
[2]　王彬，于丹，汪洋. MATLAB 数字信号处理[M]. 北京：机械工业出版社，2010.
[3]　丁玉美，高西全. 数字信号处理[M]. 西安：西安电子科技大学出版社，2008.
[4]　陈树新. 数字信号处理[M]. 北京：高等教育出版社，2015.
[5]　郑君里，应启珩，杨为理. 信号与系统[M]. 北京：高等教育出版社，2011.
[6]　高西全，丁玉美. 数字信号处理：原理、实现及应用[M]. 北京：电子工业出版社，2010.
[7]　程佩青. 数字信号处理[M]. 4 版. 北京：清华大学出版社，2013.
[8]　刘舒帆. 数字信号处理实验（MATLAB 版）[M]. 西安：西安电子科技大学出版社，2008.
[9]　OPPENHEIM A V, WILLSKY A S, YOUNG I T. 信号与系统[M]. 刘树棠，译. 西安：西安交通大学出版社，1985.
[10]　OPPENHEIM A V, WILLSKY A S, NAWAB S H. 信号与系统[M]. 2 版. 刘树棠，译. 北京：电子工业出版社，2014.
[11]　INGLE V K. 数字信号处理：应用 MATLAB（英文影印版）[M]. 2 版. 北京：科学出版社，2012.
[12]　程佩青. 数字信号处理[M]. 3 版. 北京：清华大学出版社，2007.
[13]　赵健，王宾，马苗. 数字信号处理[M]. 3 版. 北京：清华大学出版社，2012.
[14]　MITRA S K. Digital Signal Processing[M]. 阔永红，改编. 4 版. 北京：电子工业出版社，2018.
[15]　MITRA S K. 数字信号处理[M]. 余翔宇，译. 4 版. 北京：电子工业出版社，2012.
[16]　吴镇扬. 数字信号处理[M]. 3 版. 北京：高等教育出版社，2016.
[17]　刘顺兰，吴杰. 数字信号处理[M]. 3 版. 西安：西安电子科技大学出版社，2015.
[18]　吴大正. 信号与线性系统分析[M]. 5 版. 北京：高等教育出版社，2019.
[19]　高西全，丁玉美. 数字信号处理[M]. 西安：西安电子科技大学出版社，2018.
[20]　徐以涛，刘顺兰. 数字信号处理[M]. 西安：西安电子科技大学出版社，2018.
[21]　PROAKIS J G, MANOLAKIS D G. 数字信号处理[M]. 4 版. 北京：电子工业出版社，2014.